起重吊装施工的信息化、自动化与智能化

林远山　王　芳　武立波　著

科学出版社

北京

内 容 简 介

本书对起重机选型、吊装仿真、吊装运动规划等相关的基础理论和方法进行系统、深入的论述，主要内容包括四部分：第一部分讨论多重工程约束下移动式起重机选型方法，第二部分主要探讨利用计算机图形学及起重机运动学等理论研究单机、双机的三维吊装仿真，第三部分介绍基于研究成果自主研发的一款计算机辅助的吊装方案设计软件系统，第四部分主要阐述非完整运动学约束下履带起重机吊装运动规划、被吊物位姿给定的吊装运动规划以及吊装运动规划系统设计。

本书可供吊装施工相关领域的科研工作者、工程技术人员、研究生和高年级本科生参阅，也适合机械、控制、特种机器人等相关方向的人员参考。

图书在版编目(CIP)数据

起重吊装施工的信息化、自动化与智能化/林远山，王芳，武立波著. —北京：科学出版社，2023.6
ISBN 978-7-03-075789-0

Ⅰ. ①起… Ⅱ. ①林… ②王… ③武… Ⅲ. ①起重机械-吊装-信息化②起重机械-吊装-自动化③起重机械-吊装-智能设计 Ⅳ. ①TH21

中国国家版本馆 CIP 数据核字（2023）第 105386 号

责任编辑：杨慎欣 张培静 / 责任校对：邹慧卿
责任印制：吴兆东 / 封面设计：无极书装

科学出版社出版
北京东黄城根北街 16 号
邮政编码：100717
http://www.sciencep.com
北京中石油彩色印刷有限责任公司印刷
科学出版社发行 各地新华书店经销
＊
2023 年 6 月第 一 版 开本：720×1000 1/16
2024 年 4 月第二次印刷 印张：12
字数：242 000
定价：118.00 元
（如有印装质量问题，我社负责调换）

前　　言

　　近年来石油化工、海洋工程等领域迅速发展，各类工程建设规模不断扩大，与之配套的设备的尺寸、重量也相应随之增大，传统"散装"的吊装施工方式越发与重安全、讲效率的施工大环境不相适应。随着起重机吊装能力不断增强，以空间换时间的工厂化预制的模块化吊装的施工方式已然成为一种趋势。重达数百吨乃至数千吨价值上亿元的超大型被吊物在石油化工、海洋工程等施工现场日趋常见。面对如此庞然大物，通常需要单台大型、价值同样上亿元的起重机完成吊装。吊装过程中不容半点差错。一旦发生超重、碰撞等情况，轻则耽误工期，重则被吊物或起重机损坏，造成重大经济损失，更甚则造成机毁人亡的严重事故！因此，在实际吊装之前需要设计详细、安全的吊装方案，确保吊装过程万无一失。除确保安全性外，吊装方案还直接影响吊装作业的工作量、成本及可行性等。目前，吊装方案设计虽然逐渐摆脱人工计算、二维图绘制等传统模式，但其依然难以适应当前复杂而大型的吊装工程的发展需要。因此，开展起重吊装施工的信息化、自动化及智能化研究具有极其重要的现实意义和应用价值。

　　鉴于吊装施工信息化、自动化及智能化能有效提高吊装作业的安全性和工作效率，作者所在课题组早在 2006 年初就开始与中国石油化工集团有限公司（中石化）等国内龙头企业开展合作，同时在国家自然科学基金、辽宁省自然科学基金等项目的持续支持下，开展了应用基础研究和工程软件的研制。作为国内较早开展此方向研究的团队，所研制的我国首款面向复杂环境大型吊装施工的三维吊装仿真系统成为吊装领域的有力工具，已广泛应用于中石化、中国海洋石油有限公司、中国广核集团有限公司等集团的建设施工单位。

　　实际上，从 20 世纪 80 年代开始，许多国外学者便对吊装施工信息化等技术开展了广泛研究，取得了一定成果。但大多研究因缺乏对工程因素的考虑，鲜有在实际吊装工程中应用。为此，作者所在课题组开展了大量关于起重机选型、吊装仿真、吊装运动规划等方面的研究。经过十余年不懈努力，取得了一系列具有实用价值的研究成果，大多已发表在国际期刊、国际学术会议论文集上，且部分研究成果已实现在计算机辅助的吊装方案设计软件系统中，所形成的成果具有极强的创新性和应用价值。本书基于作者多年来承担国家、省市各类科研项目及各类企业合作项目过程中取得的研究成果，旨在对这些研究成果进行系统总结，为相关的研究人员、技术人员、研究生等提供参考。希望读者通过阅读本书，能够对该领域的研究现状、相关理论和技术有全面了解，继续共同推动起重吊装施工的信息化、自动化和智能化发展。

　　本书的主要内容分四部分。第 2 章的多重约束下移动式起重机选型方法为第一部分；第 3～5 章的单机、双机吊装仿真方法为第二部分，主要讨论利用计算机图形学及起重机运动学等理论研究单机、双机的三维吊装仿真；第 6 章的三维吊装仿真系统研制为第三部分，主要介绍如何基于前两部分内容的研究成果研制一款计算机辅助的吊装方案设计软件系统；第 7～9 章的吊装运动规划方法为第四部分，主要阐述非完整运动学约束下履带起重机吊装运动规划、被吊物位姿给定的吊装运动规划以及吊装运动规划系统设计。

　　本书相关研究得到了国家自然科学基金项目（61603067）、辽宁省自然科学基金项目（2015020068、201102025）、辽宁省教育厅专项计划一般项目（L201625）、大连市科技计划项目（2012A17GX122）等课题的资助。本书的完成是集体智慧的结晶，大部分内容来源于作者攻读博士学位期间的工作，在此感谢吴迪副教授、王秀坤教授两位导师悉心的指导，同时感谢课题组的王欣副教授、高顺德教授级高工给予的大力帮助和支持，此外，王剑松博士以及多名研究生也为本书相关研究做了大量的工作，在此一并表示感谢。另外，书中部分内容引用和借鉴了本领域前辈学者的研究成果，在此向本书所有参考文献的作者表示诚挚感谢。

　　由于起重吊装施工技术的不断发展完善，应用不断普及，对其功能性和性能的要求不断提高，很多新技术在不断地对相应的方法产生影响，相关的理论和方法仍在发展和完善之中，加之作者水平有限，虽尽力而为，书中仍难免有不妥之处，敬请广大读者批评指正。

作　者

2022 年 10 月

目　　录

1

起重吊装施工技术的研究现状
及发展趋势

1.1 起重吊装施工技术概述

众所周知，大型的吊装均需要制订详细的吊装方案，用以指导现场施工。随着以计算机辅助设计（computer aided design，CAD）为代表的设计自动化技术日益完善并被广泛应用，吊装方案设计的效率和水平都得到了极大提升。然而，近年来吊装发展异常迅速，被吊物的体积越来越大、重量越来越重，吊装环境也越来越复杂，加之两台起重机（简称双机）甚至多台起重机（简称多机）吊装日趋普遍，传统的吊装方案设计方法越来越难以适应起重机吊装的发展。因此，基于全新的现代吊装方案设计理论方法的 CAD 技术——计算机辅助吊装方案设计（computer aided lift plan design，CALPAD）技术应运而生。其中，起重机选型与吊装过程规划是 CALPAD 技术的核心内容，并逐渐成为 CAD 技术领域的研究热点之一。

1.1.1 吊装方案设计

吊装方案设计是吊装生命周期的核心环节。为了避免高空作业，提高施工的安全性和效率，整个被吊物包括其所有附件尽可能在地面上预制完成，导致被吊物通常体积大、重量重、形状复杂。比如，2006 年 6 月中国神华能源股份有限公司煤直接液化项目的吊装中，其中一台反应器外径达 5.5m、长达 57.8m、重达 2050t，价值超亿元人民币。面对如此庞然大物，需要千吨级的起重机完成此吊装，这样的起重机其价值也在亿元以上，作为一类稀缺资源，其租赁、运输等费用自然也不会便宜，因此，在吊装之前用实际起重机进行试吊是不现实的。此外，在这种吊装重量重、环境复杂的情况下，吊装过程中极其容易出现超载或发生干涉现象，这样便有可能无法完成吊装，耽误工期而造成巨大的经济损失，甚至可能造成机毁人亡的惨重吊装事故。所以，不管是从安全性还是从经济性上考虑，都希望吊装能一次性顺利完成，这就要求在实际吊装之前设计详细的吊装方案，以确保吊装实施过程中万无一失。据统计，吊装方案设计所需工时占吊装总工时的60%～80%。因此，吊装方案设计是吊装生命周期中非常重要、耗费大量精力和时间的环节之一，是吊装实施的前提，对整个吊装安全性起着决定性的作用。

吊装方案设计就是编制指导现场吊装施工的说明书，处于整个吊装周期的早期阶段，其内涵十分广泛，如图1.1所示。从涵盖的内容来看，吊装方案设计包括吊索具选型、起重机选型、站位设计、吊装过程规划、地基处理方案设计、施工计划制订、人力资源规划、应急预案设计等，另外还包括对吊装方案设计各个环节进行协调和管理的设计。以上每个环节均存在大量的计算工作。

从设计内容的性质来看，吊装方案设计可分为以下两个范畴的设计内容：吊装工艺设计和吊装组织管理设计。吊装组织管理设计是指对整个吊装所涉及的人力、物力、时间及突发事件预案的规划，前面所阐述的施工计划制订、人力资源规划和应急预案设计均属于吊装组织管理设计范畴，该类设计在吊装工艺设计完成后通过与利益相关各方沟通可较容易完成。吊装工艺设计则是指根据被吊物、吊装环境等项目输入信息确定选择什么样的起重机、选择什么样的吊索具以及设计如何应用所选的设备一步一步完成整个吊装，前面所提到的起重机选型、吊索具选型、站位设计及起重机吊装过程规划、地基处理方案设计属于吊装工艺设计范畴。吊装工艺设计是吊装组织管理设计的基础和前提，是吊装方案设计的核心部分，贯穿于整个吊装方案设计。

从吊装方案设计流程来看，一般先进行吊索具选型，最后进行应急预案设计，具体流程见图1.1。吊装方案设计中，各个环节相互依赖，互为驱动，尤其起重机选型、吊索具选型、站位设计、起重机吊装过程规划之间高度耦合，迭代频繁，因而吊装方案设计是一个极其复杂的过程。

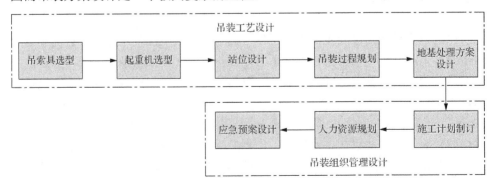

图 1.1　吊装方案设计内涵

1.1.2 计算机辅助吊装方案设计

计算机辅助吊装方案设计指的是在计算机及其相应的 CALPAD 系统的支持下，进行吊装方案设计的各类创造性活动。与传统的吊装方案设计相比，CALPAD 在准确性、全面性、效率及设计方式等各方面都有质的提升，提高了吊装的安全性，缩短了吊装周期。CALPAD 技术已成为 CAD 技术领域的一个重要分支。为了更好地研究 CALPAD 技术，我们需要先了解和分析吊装方案设计的过程和方法。

目前，在工程实践中仍然采用传统方法进行吊装方案设计，其设计一般流程如图 1.1 所示，始于吊索具选型止于应急预案设计。具体过程如下：首先根据被吊物的重量和形状确定吊装形式（单机吊装、双机吊装或多机吊装），这主要依赖设计者的经验，进而根据吊装方式选择吊索具类型（是否需要平衡梁，使用管式吊耳还是板式吊耳等），然后据此确定吊索具的型号和尺寸（或长度），并采用传统校核方法核算所选用平衡梁、索具、吊耳或吊盖是否满足吊装要求；其次，根据被吊物的重量、吊装形式以及所选用的吊索具信息，人工逐个机型查询其性能表，确定在性能上哪些起重机完成吊装任务，并结合起重机租用费用、时间、运输等因素，从中选择最经济的起重机；接着采用二维绘图软件（如 AutoCAD 等）根据吊装现场环境对被吊物、起重机的布局进行设计，并据此设计起重机的吊装过程（动作序列），通过对过程中的关键点进行碰撞检测及性能的校核，若无法找到一个合适的吊装过程，则需要重新选择起重机，甚至重新选择吊索具；然后根据起重机、被吊物的对地压力对起重机站位区和被吊物摆放区进行地基处理方案设计；最后进行施工计划、人力资源规划、应急预案及最终吊装方案文档的撰写。

从上面不难发现，传统吊装方案设计方法很灵活，但同时也存在一些问题：

（1）出错率高。吊装方案设计各环节存在大量的计算，并且这些计算所涉及的因素多，计算强度大，同时设计人员极容易因疲惫、疏忽、情绪等多种因素而导致计算错误。

（2）设计效率低。各环节的设计通常需要考虑多方面的因素，并且需要查阅、分析大量的数据，而缺乏有效的工具，导致工作效率较低。

（3）吊装安全性差。在吊装过程规划中，虽然可以采用二维绘图软件准确地表达某个静态的吊装状态，以校核该状态是否发生碰撞或超载，但由于整个吊装过程的状态很多，无法采用此方式校核所有状态，通常只能对一些关键的离散点进行详细的计算校核，这样不仅可能会遗漏一些优化的吊装过程，同时也可能无法排除某些危险点，因而所得吊装方案的安全性较低。

（4）数据一致性差。吊装方案设计各个环节高度耦合，需要反复迭代，任意一个环节做了更改，其他环节均需要做相应的调整，人工管理各环节非常困难而低效，因此，各环节数据的一致性难以保证。

（5）变化响应慢。一方面，在制订吊装方案之初所得的被吊物信息、吊装环境信息、可用起重机信息等通常并不完整，这些信息只有随着工程不断推进才逐渐完整；另一方面，一项大型吊装顺利完成需要业主、起重机租赁商、被吊物制造商、运输公司、基础施工单位等多方相互协作，吊装方案设计的最终输入参数是多方协商的结果，其中包含许多不稳定的人为因素。因此，吊装方案设计是在一个信息动态变化过程中完成的，其中任意的信息发生改变，之前的吊装方案就需要进行必要的调整，这种情形下，传统吊装方案设计方法显然难以快速响应这样的变化。

而 CALPAD 技术能有效解决以上传统吊装方案设计方法存在的问题。采用 CALPAD 技术，可以根据吊装要求快速选择合适的吊索具、起重机，可以在计算机上创建近乎实际的吊装环境、被吊物及起重机三维模型，对起重机站位、吊装过程进行设计并进行模拟与分析，对方案进行快速评价，优化吊装过程，及早发现潜在的危险，最终自动输出完整的吊装方案。CALPAD 技术不仅不会因设计人员的疲惫、疏忽、情绪、技术不成熟等因素的影响而造成吊装方案的不准确等问题，而且还可以通过快速设计多个吊装方案并进行对比而得到较优的方案，从而最终提高了吊装的安全性和工作效率，适应了当前吊装快速发展的要求。

1.1.3　起重机选型与吊装过程规划

起重机选型与吊装过程规划是 CALPAD 的核心内容，是学者关注的焦点。其中，起重机选型可以快速选出满足吊装要求的起重机作业工况，为吊装过程规划提供基础条件。而吊装过程规划可以直观、便捷地设计起重机吊装过程（即吊装状态序列和动作序列），包含吊装仿真、吊装运动规划两种手段：吊装仿真是一种直观的交互式吊装过程规划工具，在实际吊装之前人机交互地模拟起重机的各项活动，校核是否存在碰撞或超载情况，迭代地设计安全可靠的吊装过程；吊装运动规划是一种智能的自动吊装过程规划工具，根据给定的起吊状态、就位状态及有障碍物的三维环境自动生成一个无超载、无碰撞的吊装动作序列。

作为先进建筑建设与自动化技术领域的一项关键技术，CALPAD 技术近年来受到了学术界和工业界的广泛关注。国内外学者做了相关的研究，并取得了一定的成果，但经过分析发现尚有一些问题有待进一步研究：在起重机选型方面，现有选型方法中起重机选型的被吊物与臂架间距计算复杂且大多未考虑接地比压对选型的影响，同时鲜有针对具有复杂臂架组合工况的桁架臂履带起重机给出选型方法，并且大都只针对某特定单一类型起重机给出选型方法或模型；而现有的吊装仿真研究成果大多都是单机吊装仿真，双机吊装仿真的研究较少，并且现有的双机吊装仿真方法还存在一些问题；在移动式起重机吊装运动规划方面，现有的研究成果均假定起重机下车不动，而鲜有考虑行走的吊装运动规划。

因此，尚需对起重机选型、吊装仿真及吊装运动规划进行深入研究，本书将以计算机辅助吊装方案设计为背景，在多重约束下起重机智能选型、考虑行走的单机吊装运动规划、双机吊装仿真三方面开展深入系统的研究，目的在于：

（1）为吊装方案设计提供一套 CALPAD 的理论、方法，包括多重约束下的移动式起重机选型算法、考虑行走的单履带起重机吊装运动规划算法、典型协同吊装工况的双机系统模型及相应的仿真流程、双机吊装的正向运动学模型及双机吊装仿真流程。

（2）为吊装方案设计人员提供一套软件系统，辅助其制订吊装方案，以提高吊装的安全性和工作效率。

1.2　国内外起重吊装施工技术研究现状

对计算机辅助吊装方案设计的研究最初起步于如何采用计算机辅助选择合适的起重机，然后延伸到单机、双机的三维吊装仿真，紧接着发展到采用机器人领域理论进行吊装运动规划以完全实现自主设计起重机的吊装过程。起重机吊装运动规划的研究还处在起步或发展阶段，尚未形成非常完善的理论体系。但就目前而言，对吊装方案辅助设计的研究主要包括起重机选型、吊装仿真、吊装运动规划三个方面的内容。

1.2.1　起重机选型研究现状

起重机选型分为两个阶段：第一阶段是起重机类型的确定，即根据吊装的性质和特点确定合适的起重机类型，如桁架臂履带起重机、伸缩臂汽车起重机、塔机、门式起重机等；第二阶段是起重机作业工况选择，即确定起重机类型后，根据吊装任务要求选择起重机的作业工况，确定选择何种臂架组合形式、臂架长度、作业半径、配重等。若不做特别说明，下文提到的起重机选型是指起重机作业工况选择。

1. 起重机类型选择

起重机类型选择通常需根据吊装任务的性质和特点来确定起重机类型，主要依赖设计者的直觉与经验。一般来说，桁架臂履带起重机主要用于石油化工、核电、风电、海洋工程等建设领域，小吨位伸缩臂汽车起重机常用于市政基础设施安装、维护；塔机主要用于高层楼宇的建设；门式起重机主要用于造船等场所。然而，在很多场合，选择什么类型的起重机来进行吊装并不那么明确，既可用固定式起重机，又可用移动式起重机，或者其他类型起重机。事实上，起重机类型的选择主要受如下几个因素影响：①吊装任务的特点（被吊物数量、大小、重量分别如何？吊装是否具有循环特点？是否需要远距离搬运？）；②起重机在场时间及使用频率；③吊装场地拥挤情况；④地面承受能力；⑤吊装现场附近是否有可用起重机；⑥租赁、运输费用；⑦工程人员偏好。

从检索的文献看，起重机类型选择的研究较少，学者主要提出了一些基于知识的起重机类型选择的算法或系统。这主要是因为起重机类型选择是一个相对主观的选择过程，其标准难以量化，其过程难以程序化。Sawhney 等于 2001 年介绍了一款起重机类型选择的原型系统 IntelliCranes，该系统不仅可以进行类型选择还可以进行作业工况选择[1]。2002 年，他们采用概率神经网络方法对 IntelliCranes 进行改进，利用启发函数、以往经验、历史数据对起重机类型选择进行优化[2]。该方法体现了较强的人工智能，通过输入使用类别、在场时间、建筑高度等信息，系统能自动地选择出起重机类型。但该方法需要大量的历史样本数据对神经网络进行训练。而 Hanna 等则从另一个角度研究起重机类型的选择，他们提出了一种采用模糊理论的起重机类型的选择方法[3, 4]。

2. 起重机作业工况选择

起重机作业工况选择（以下简称起重机选型）是在已知起重机类型的情况下，选择一种能够完成吊装任务的配置。与起重机类型的选择相比，起重机选型的标准更具体、相关信息更易量化、选择过程更易程序化。因此，自 20 世纪 80 年代以来，许多学者便开始进行起重机选型方面的研究，尝试采用计算机辅助选择合适的起重机作业工况。不同类型的起重机对应着不同的作业工况，因而每类起重机的选型方法也有较大的差别。为此，学者通常针对某特定类型来研究其选型方法，目前起重机选型的研究主要集中在塔机选型和移动式起重机选型。

在塔机选型方面，国外做了大量的理论研究，而国内对这方面的研究相对较少。Furusaka 等提出了一种起重机选型和站位的方法[5]，该方法假设建筑物是规则几何体，并采用传统数学优化方法来最小化成本。在此基础上，Gray 等将吊装专家和工程师的经验和知识结构化存储起来并实现了一个名为 COCO 的模型，用以进行起重机的选型[6]，该模型要求被吊物和起重机的位置必须唯一，并且起重机类型有限。为了建立一个更为通用的系统，Gray 于 1987 年开发了一个基于规则的塔机选型专家系统 CRANES[7]，该系统可根据用户输入的塔机的位置、建筑物的外形尺寸及被吊物的分布等信息自动选择出一台满足吊装要求的起重机。

Al-Hussein 也于 1995 年采用基于案例推理（case based reasoning，CBR）技术来辅助塔机选型[8]，并开发了一款名为 CRANE ADVISOR 的决策支持系统。该系统将以前已完成的案例信息收集起来并以一定的形式存储到数据库中，当在新项目需要进行起重机选型的时候，推理程序从数据库中取出以前的案例信息进行推理，避免出现潜在的问题，最终选择出合适的起重机选型。在国内，杨晓毅等针对CCTV 主楼结构施工研究了塔机的选型和站位[9]；许福新从工程的角度总结了塔机选型和站位的原则，并给出了高层建筑施工中塔机选型的方法[10]；舒景龙介绍了沉箱吊装中行走塔机的选型过程[11]；而苏有文分析了建筑工程施工中起重机选择的几个关键因素及起重机的类型和各自的技术特点，主要分析了塔机的类型、特点，并最终给出塔机的选型思路[12]。从上面可发现，国内学者虽然也做了一些工作，但通常是针对某具体的吊装工程给出选型方法或思路，而鲜有从理论角度研究塔机的选型。

随着移动式起重机的普遍应用，移动式起重机的选型研究得到了广泛的关注。一些学者利用人工智能技术设计了许多起重机选型方法[13, 14]。比如，Raynar 等开发了用以最小化移动式起重机动作次数的计算分析系统 PRECISE[13]，用以选择一个优化的起重机路径并确定单层钢架结构吊装的序列。虽然采用人工智能的方法根据相应的输入能自动地选择起重机的作业工况，但是所得到的结果距工程实际应用尚有一定的距离。为了快速而准确选出满足工程要求的起重机作业工况，另一部分学者采用三维图形或仿真的方法辅助工程人员进行起重机的选型[15-19]。这种方法通过建立起重机、被吊物、障碍物的三维模型，用图形学或仿真的方法来进行校验吊装过程中是否有干涉。在实际吊装中，尤其是在分段吊装中，经常会遇到采用同一台起重机吊装多个被吊物，为此部分学者针对这种情况对多重吊装进行了深入研究，并开发了一些计算机辅助系统[18, 20, 21]，这些系统采用仿真的方法进行起重机的选型和站位，同时进行吊装次序规划。然而，建立三维模型是一项耗时的工作，极大影响了起重机选型的效率。为此，另外有一部分学者采用起重机、被吊物、障碍物的外形尺寸和坐标数据代替对应的三维模型，然后通过空间几何计算判别吊装过程中是否发生碰撞[20-26]。如采用外形尺寸和坐标数据代替三维模型来确定已知障碍物之间的起重机潜在站位区[20]；通过二维障碍物平面图及高度，结合起重机位置确定臂架最小长度和最大长度[22]。

1.2.2 吊装仿真研究现状

吊装仿真是一种提高吊装安全性的有效手段。在实际吊装之前模拟起重机的各项活动，可以提前识别潜在的吊装隐患，并且通过迭代地进行吊装仿真可以直观地设计安全可靠的吊装过程。在过去的数十年时间里，国内外学者在吊装仿真方面开展了大量的研究，主要包括单机、双机、多机的吊装仿真。

1. 单机吊装仿真

在单机吊装仿真方面，自 20 世纪 90 年代以来便开始采用图形学可视化工程起重机的操作。一部分学者对塔机吊装过程进行了研究[27-30]，并开发了一些仿真原型系统，通过这些系统可规划起重机的站位、优化物件的吊装顺序等。另一部分学者则研究移动式起重机的吊装过程模拟[18, 19, 31-35]，他们给出了各种实现方法或在各种 CAD 平台上开发了仿真系统。由于三维吊装仿真可以直观地观测吊装过程中是否发生干涉，因此出现了基于仿真的移动式起重机可行站位设计方法[36-38]，其基本思路是采用仿真手段自动生成作业空间[39-41]，然后通过判别作业空间与障碍物是否发生碰撞进行移动式起重机潜在站位区的确定。此外还有学者对同一台起重机吊装多个被吊物采用仿真的方法优化吊装的顺序[15, 31, 42, 43]。

在国内，关于起重机吊装仿真的研究成果也不少。比如，林远山自主开发了一个通用的三维引擎来可视化移动式起重机吊装过程[44]；吴芝亮等进行了浮式起重机的吊装仿真研究[45]；李芃等基于 OpenGL 开发了一款船载特种起重机仿真系统[46]；陈纯杰提出了基于虚拟现实建模语言（virtual reality modeling language，VRML）的起重机仿真系统[47]；尹铁红建立了起重机吊装过程的数学模型[48]；施志强等进行了履带起重机吊装过程避障及仿真的研究[49]；王波兴等基于物理引擎实现了汽车起重机的实时仿真[50]。此外，还有一些学者采用开源的图形渲染引擎进行吊装过程的仿真[51-55]。

2. 双机吊装仿真

在双机吊装仿真方面，Souissi 等[56]首次构建了两台起重机协同吊装的雏形，其将两台回转起重机共同吊装同一个被吊物的构型看作是一个六连杆机构，建立基于闭合链路的双机吊装模型，并分析其运动学和动力学。Zhang 等[57]于 2007 年提出了一种基于智能体的两台汽车起重机协同吊装的仿真方法，其思想是将每台起重机和吊装环境抽象为智能体，这些智能体具有简单的信息获取及行动决策能力，智能体之间通过一定的规则进行协作完成双机吊装过程的仿真。由于每个智能体均具有一定的自主性和随机性，基于智能体方法所模拟的吊装过程并不总是满足用户的期望。需要指出的是，上述方法所提出的模型均假定两台起重机下车不行走。

另外，有一些学者提出了一些基于几何运动学的双机吊装仿真方法[58-60]。这些方法将起重机各部分以及被吊物看作刚体，并假设起升绳始终竖直，据此建立双机吊装的几何模型，通过该模型实现吊装仿真。这类方法所需参数少、易于实现，能直观地模拟双机吊装的大体运动过程，但因未考虑被吊物重量、重心、起升绳的偏摆等因素，此类方法模拟的吊装过程会有较大的失真、不自然，与实际吊装可能不符，即不能真实地反映双机吊装的过程。

为了把吊装过程中绳子偏摆、碰撞检测、力反馈等物理特性模拟出来，另一些学者提出了基于物理引擎的双机吊装仿真方法[61-63]。其将起重机各部件及被吊物建模成刚体，并赋予重量、惯性矩、刚度等物理属性，然后采用相应的铰（如球铰、滑移铰、旋转铰等）将各部分连接起来，构建一个复杂的双机吊装的动力学模型，以实现双机的吊装仿真。基于物理引擎的方法能较好地模拟起升绳偏摆等效果，但其也存在一些局限性：待设置的物理参数多，即需要为每个刚体、每个铰设置准确的物理属性，如重量、重心、惯性矩、刚度、误差消减系数、阻尼系数等，而这些准确参数在实际吊装工程中通常难以确定；并且，若这些物理属性设置不恰当，难以达到期望的仿真效果。从而可以看出，基于物理引擎的双机吊装仿真方法，其模型过于复杂，实用性较差。

3. 多机吊装仿真

随着多机吊装方式的广泛应用，还有另外一些研究小组开展了多机吊装运动特性及仿真的研究。比如，天津大学的章青课题组分析了多机载荷与运动特性[64]，提出了处理多机协同作业问题的方案。为了提高现场操作的安全性，上海交通大学的吕恬生课题组采用了三台 ABB 公司生产的机器人模拟三架无人直升机运动的办法[65, 66]，搭建多机协调吊装系统平台，研究在机械手预定轨迹运动情况下如何保持吊装系统平台的稳定性问题。大连理工大学吴迪课题组对海洋工程的吊装进行研究，总结了若干种常见的多机协同动作，并据此实现了一个多机吊装仿真系统[67]。康仕仲课题组开展了高层建筑建设中多台塔机协同作业的仿真[28]。值得一提的是，康仕仲课题组所研究的内容与章青、吕恬生课题组的不同，前者主要研究如何让各塔机单独完成各自吊装任务时不发生碰撞，起重机之间耦合性较低，而后者研究的是多台起重机共同吊装同一个被吊物的运动与控制，起重机之间具有很强的耦合性。

1.2.3 吊装运动规划研究现状

运动规划（通常也叫路径规划）问题最先在机器人领域中提出。美国麻省理工学院著名机器人科学家认为自主机器人导航应该回答三个问题[68]，分别是"Where am I ？""Where I am going ？""How should I go there ？"，分别描述了机器人定位、规划和控制三个问题，运动规划是三个核心问题之一，由此可见其在自主机器人技术中的核心地位。随着吊装技术的不断发展，自主机器人技术在吊装领域的应用愈发广泛，针对起重机吊装的运动规划方法的研究也随之成了新的热点。

下面对目前主流的一些规划方法和其在计算机辅助吊装方案设计中的应用进行简要介绍。

1. 运动规划算法综述

作为机器人研究领域的一个基本问题，运动规划经历近二三十年的发展，国内外学者针对不同的问题提出了许多运动规划算法，从搜索策略的角度将它们分为三大类，分别是基于图构造及搜索的规划方法、智能规划方法和近年来兴起的基于随机采样的规划方法。

基于图构造及搜索的规划方法的基本思想是首先构造某种图来描述环境的自由空间，然后采用图论的搜索算法从图上找到满足某种准则的最优路径。其中，图的构造是此类算法的关键，而搜索算法一般采用 Dijkstra[69]、A*[70, 71]、D*[72-74]等算法。目前，基于图构造及搜索的规划方法主要有可视图法（visibility graphs）[75]、栅格分解法（cellular decomposition）[76-78]、沃罗努瓦法（Voronoi method）[79]及人工势场法（artificial potential fields）[80]等。这些方法对于很多运动规划问题都具备很强的适应性，但当面对高自由度机器人运动规划问题时，其计算复杂度将随自由度呈指数增长，而且对微分约束和复杂环境也缺乏较好的解决办法。

智能规划方法的基本思想是首先将运动规划问题抽象为空间搜索问题，然后应用人工智能中的优化、推理技术进行求解。此类方法主要包括遗传算法[81]、蚁群算法[82]和人工神经网络方法[83]等。虽然这些方法可以在一些运动规划问题上得到最优或者近似最优路径，但是与基于图构造及搜索的规划方法类似，对高自由度和复杂环境的运动规划问题，其收敛速度和有效性难以保证，并且需要设置的经验参数太多，不利于自动处理。

基于随机采样的方法是近年来在随机采样理论的基础上发展而来的一类运动规划新方法，其仅仅通过对位形空间或状态空间中的采样点进行碰撞检测来获取障碍物信息，避免了对空间的建模，且在高维空间中的搜索效率很高，因而这类方法更适合于求解高自由度机器人在复杂环境中的规划问题，而且对带有微分约束的规划问题也具有较强的解决能力。此类方法主要包括随机化势场规划器（randomized potential planner，RPP）算法[84]、Ariadne's clew 算法[85]、概率路标算法（probabilistic roadmaps method，PRM）[86]、快速扩展随机树（rapidly-exploring random tree，RRT）算法[87]等。其中，PRM 和 RRT 是目前较成功的两种基于采样的运动规划方法。PRM 是通过在整个空间内采样得到若干个采样点，并由这些采样点构成一张概率地图，最后在地图中搜索得到合适的路径，其在高维静态空间中具有良好的表现。RRT 算法遵循控制理论的系统状态方程 $x' = f(x,u)$，在控制量的作用下增量式地产生新状态直至到达目标，这使它很容易满足系统运动动力学约束方面的要求，且适用于动态环境。基于随机采样的规划方法因其优良的特性已被广泛应用于机器人学、计算机动画、工业设计、生物计算等各领域的运动规划问题中，并已成为当前运动规划研究的热点。

2. 吊装运动规划发展趋势

虽然设计者可以通过吊装仿真手段设计起重机吊装过程，但随着吊装领域的快速发展和对吊装方案的要求日益严格，迫切需要一种能自主设计吊装过程的工具，为此，国内外学者纷纷开展了起重机吊装运动规划的研究，取得了一定成果。

最早开展移动式起重机运动规划研究的学者是吊装技术领域的著名专家 Varghese，1997 年，他的学生 Reddy 在硕士论文中提出了一种基于图构造及搜索的单台移动式起重机运动规划方法[88]。随后，Reddy 等在 2002 年又提出了基于二阶段搜索的单台移动式起重机运动规划方法[89]，第一阶段采用爬山策略生成一条无碰撞的吊装动作序列，第二阶段在约束搜索空间中对已获得的无碰撞动作序列进行更细致的优化。该方法因需构造无碰撞的搜索图，效率较低。随着双台起重机协同吊装日趋普遍，Sivakumar 等应用 A*算法、爬山算法进行双机协同吊装运动规划[90]。因 A*算法、爬山算法这类基于几何构造规划方法均需要建立庞大的无碰撞搜索图，其计算复杂度随起重机自由度及空间离散分辨率的增加而呈指数增加，难以胜任高自由度类型的起重机吊装运动规划。

为此，Deen Ali 等针对双台起重机协同吊装提出了一种基于遗传算法（genetic algorithm，GA）的运动规划[60]，从文献中的实验可以看到，在获得的动作序列长度相近的情况下，遗传算法比 A*算法的计算效率提高了 10～20 倍。该方法虽然因避免构造几何空间而提高了计算性能，但其也存在一些不足，例如动作序列必须由数量固定的位形构成（等长的个体）、收敛速度及动作序列的质量难以控制等。为了克服位形数量固定的不足，张玉院[91]和王欣等[92]采用蚁群算法进行单台起重机和双台起重机的运动规划，将位形间距离、碰撞、起重机动作优先级及切换等因素融入路径点选择策略和信息素更新中，最终寻找到近似最优的动作序列。但蚁群算法中信息素因子 α、启发式因子 β 及信息残留系数 ρ 较难选择，且计算时间长。

为了进一步提高吊装运动规划的计算效率，2012 年，Chang 等提出了一种基于 PRM 来规划单台起重机和双台起重机协同吊装的动作序列[93]。该方法先将起重机的回转、变幅自由度作为位形的变量（此时暂未考虑起升自由度），在此位形空间中采用 PRM 规划出一条无碰撞的吊装动作序列，然后在此动作序列的基础上进行起重机起升动作的规划，从而最终得到一条可行的无碰撞吊装动作序列。实验显示这种将自由度分解降维进行分步规划的方法可以提高规划的效率，相比遗传算法效率提高了数十倍，对于一些相对较为简单的吊装环境，该方法几乎达到实时性。针对动态的作业环境，Zhang 等提出了一种实时的在线单台起重机吊装运动规划方法[94, 95]，在执行离线规划出来的动作序列过程中，算法采用超宽带实时定位系统（ultra wideband real-time location systems，UWBRTLS）收集当前作业环境数据、更新环境模型，然后若有必要则采用动态快速探索随机树（dynamic rapidly-exploring random tree，DRRT）算法（RRT 的变种）重新规划动作序列，若规划成功则沿着更新后的动作序列继续工作，直至吊装任务完成。该方法结合环境感知技术（传感器、定位系统等）实现吊装过程的监控和起重机吊装动作序列的实时规划，在一定程度上提高了吊装的安全性。针对吊装动作序列的平滑性问题，文献[96]采用四次样条光滑遗传算法得到双台起重机协同吊装动作序列。

1.3　起重吊装施工技术发展趋势分析

从研究现状中不难发现,计算机辅助吊装方案设计的研究已经有 30 多年的历程了，国内外众多学者在起重机选型、吊装仿真和吊装运动规划方面取得了丰硕的成果。

起重机选型尤其是移动式起重机选型的研究随着计算机技术的发展而不断深入。首先，在人工智能被提出不久后学者纷纷尝试将人工智能技术应用到起重机选型中，开发了许多专家系统。然后，随着计算机图形和仿真技术的不断成熟，因其直观、形象的特点受到了众人的青睐，学者开始采用计算机图形学对起重机选型和站位进行研究，取得了丰硕的成果，在很大程度上解决了工程上的问题。最后，由于基于图形学和仿真的选型方法需要花大量的时间建立三维模型，影响选型的效率，后来学者又提出了采用外形尺寸和坐标数据代替三维模型的方法。然而，现有的起重机选型的研究成果无论是基于人工智能、三维仿真技术还是数值方法，臂架与被吊物的间距约束处理复杂，且大多未考虑接地比压因素，而事实上这些因素对起重机选型有着重要的影响。此外，现有的起重机选型所研究的对象多是塔机或伸缩臂起重机，而应用更广泛的移动式桁架臂起重机选型的研究甚少，移动式桁架臂起重机通常具有多种复杂的臂架组合形式，这给间距的计算带来极大的挑战。

从吊装仿真研究现状中可以看出，目前单机吊装仿真研究已很成熟，甚至开发了一些实用的仿真系统，而双机甚至多机吊装仿真还有待进一步研究。在国内外研究人员的共同努力下，双机甚至多机吊装仿真方面的研究也取得了一定成果，尽管如此，双机吊装仿真的研究尚存在以下不足：①基于几何运动学方法由于对双机吊装过程建模过于简单，吊装仿真失真较严重，未真正考虑双机吊装过程中起重机之间的协同；②基于物理引擎的方法实用性较差，因为模型复杂且需要准确设置大量物理属性参数，且这些参数对工程人员来说难以获得。在现实的双机吊装中，为了降低吊装的风险，通常是按某种容易操作的协同模式进行动作，使被吊物沿期望的轨迹被安全搬运到安装的位置。在这种被吊物期望轨迹给定的吊装过程中，两台起重机分别需要做什么样的动作才能使得被吊物沿既定轨迹运动是难以直观确定的，现有的双机吊装仿真方法无法模拟此类双机吊装过程。从另一个角度看，因被吊物通过柔性起升绳与两台起重机相连，其位姿由两台起重机确定，计算较为困难。因此，如何准确地确定被吊物位姿及起升力便成了双机吊装仿真的关键问题。基于物理引擎（动力学）的双机吊装仿真方法能较好地模拟起升绳偏摆等效果，但其存在一些局限性：待设置的物理参数多，即需要为每个刚体、每个铰设置准确的物理属性，如重量、重心、惯性矩、刚度、误差消减系数、阻尼系数等，而这些准确参数在实际吊装工程中通常难以确定；若这些物理属性设置的不恰当，难以达到期望的仿真效果；无法获取起升力大小。基于物理引擎的双机吊装仿真方法，其模型过于复杂，实用性较差。因此，被吊物期望轨迹给定的双机协同吊装仿真和能实时获取起升绳偏摆角及起升力的双机吊装仿真均有必要进一步开展相关的研究。

吊装运动规划是吊装过程智能设计的一种手段，其研究还处在初级阶段。从研究方法看，吊装运动规划从基于几何构造的图搜索方法，发展到遗传算法、蚁群算法等智能演化算法，再到近年来流行的 PRM、RRT 等基于随机采样的运动规划方法。从研究内容上看，关于移动式起重机运动规划研究涉及了单机吊装运动规划、双机运动规划。国内外学者对起重机吊装运动规划做了很多有益的探索并取得了长足的进步。然而，现有的研究均假定起重机下车固定，主要研究起重机上车动作（回转、变幅、起升）的运动规划，而未考虑起重机的行走。事实上，在许多实际吊装工程中，尤其在起吊位置到就位位置距离比较远的情况下，起重机必须行走才能顺利完成吊装任务。在考虑到行走的情况下规划问题的维度由三维增加到六维以上，同时履带起重机的行走属于非完整运动学，需要考虑此运动学约束。此外，现有研究均假定起吊位形和就位位形已知，而在实际吊装中已知的通常是起吊时刻和就位时刻的被吊物位姿，并不知道起吊位形和就位位形。因此，考虑非完整运动学约束的履带起重机吊装运动规划和被吊物位姿给定的吊装运动规划尚需开展。

参 考 文 献

[1] Sawhney A, Mund A. IntelliCranes: An integrated crane type and model selection system[J]. Construction Management & Economics, 2001, 19(2): 227-237.

[2] Sawhney A, Mund A. Adaptive probabilistic neural network-based crane type selection system[J]. Journal of Construction Engineering and Management, 2002, 128: 265.

[3] Hanna A S, Lotfallah W B. A fuzzy logic approach to the selection of cranes[J]. Automation in Construction, 1999, 8(5): 597-608.

[4] Hanna A S. SELECTCRANE: An expert system for optimum crane selection[C]. Proceedings of the 1st Congress on Computing in Civil Engineering, Washington, D. C., USA: ASCE, 1994.

[5] Furusaka S, Gray C. A model for the selection of the optimum crane for construction sites[J]. Construction Management and Economics, 1984, 2(2): 157-176.

[6] Gray C, Little J. A systematic approach to the selection of an appropriate crane for a construction site[J]. Construction Management and Economics, 1985, 3(2): 121-144.

[7] Gray C. Crane location and selection by computer[C]. The Fourth International Symposium on Robotics and Artificial Intelligence in Building Construction, Santa Cruz, California, 1987.

[8] Al-Hussein M. A computer integrated system for crane selection for high-rise building construction[D]. Montreal, Quebec, Canada: Concordia University, 1995.

[9] 杨晓毅, 刘宝山, 彭明祥. CCTV 主楼结构施工用塔式起重机选型和定位[J]. 施工技术, 2009, 38(4): 40-42.

[10] 许福新. 高层建筑施工中塔式起重机的选型与应用[J]. 建筑机械化, 2007(8): 44-46.

[11] 舒景龙. 沉箱预制场起重机的选型[J]. 建设机械技术与管理, 2006(4): 105-108.

[12] 苏有文. 建筑施工中起重机的选择[J]. 西南工学院学报, 2000, 15(3): 44-48.

[13] Raynar K A, Smith G R. Intelligent positioning of mobile cranes for steel erection[J]. Computer-Aided Civil and Infrastructure Engineering, 1993, 8(1): 67-74.

[14] Warszawski A. Expert systems for crane selection[J]. Construction Management and Economics, 1990, 8(2): 179-190.

[15] Satyanarayana R D, Varghese K, Srinivasan N. A computer-aided system for planning and 3D-visualization of multiple heavy lifts operations[C]. 24th International Symposium on Automation and Robotics in Construction, Kochi, India: I.I.T. Madras, 2007.

[16] Moselhi O, Alkass S, Al-Hussein M. Innovative 3D-modelling for selecting and locating mobile cranes[J]. Engineering, Construction and Architectural Management, 2004, 11(5): 373-380.

[17] Varghese K, Dharwadkar P, Wolfhope J, et al. A heavy lift planning system for crane lifts[J]. Computer-Aided Civil and Infrastructure Engineering, 1997, 12(1): 31-42.

[18] Dharwadkar P V, Varghese K, O'Connor J T, et al. Graphical visualization for planning heavy lifts[C]. Proceedings of the 1st Congress on Computing in Civil Engineering, Washington, D. C., USA: ASCE, 1994.

[19] Hornaday W C, Wen J. Computer-aided planning for heavy Lifts[J]. Journal of Construction Engineering and Management, 1993, 119(3): 498-515.

[20] Hermann U R, Hendi A, Olearczyk J, et al. An integrated system to select, position, and simulate mobile cranes for complex industrial projects[C]. Construction Research Congress 2010, Banff, Alberta, Canada: ASCE, 2010.

[21] Hasan S, Al-Hussein M, Hermann U H, et al. An automated system for mobile crane selection, swing control and ground pressure calculation[C]. 12th International Conference on Civil, Structural and Environmental Engineering Computing, Funchal, Madeira, Portugal: Civil-Comp Press, 2009.

[22] Struková Z, Ištvánik M. Tools for mobile crane selecting and locating[J]. International Review of Applied Sciences and Engineering, 2011, 2(1): 69-74.

[23] Al-Hussein M, Alkass S, Moselhi O. Optimization algorithm for selection and on site location of mobile cranes[J]. Journal of Construction Engineering and Management, 2005, 131(5): 579-590.

[24] Al-Hussein M, Alkass S, Moselhi O. An algorithm for mobile crane selection and location on construction sites[J]. Construction Innovation: Information, Process, Management, 2001, 1(2): 91-105.

[25] Al-Hussein M, Alkass S, Moselhi O E. Information technology for the effective use of cranes in planning heavy lifts[C]. 43rd Annual Meeting of AACE International, Denver, CO, USA, 1999.

[26] Alkass S, Alhussein M, Moselhi O. Computerized crane selection for construction projects[C]. Proceedings of the 13th Annual ARCOM Conference, Cambridge, UK, 1997.

[27] Kang S C, Miranda E. Automated simulation of the erection activities in virtual construction[C]. The International Conference on Computing in Civil and Building Engineering, 2004.

[28] Kang S C. Computer planning and simulation of construction erection processes using single or multiple cranes[D]. Stanford, California: Stanford University, 2006.

[29] Al-Hussein M, Athar Niaz M, Yu H, et al. Integrating 3D visualization and simulation for tower crane operations on construction sites[J]. Automation in Construction, 2006, 15(5): 554-562.

[30] Kang S C, Chi H L, Miranda E. Three-dimensional simulation and visualization of crane assisted construction erection processes[J]. Journal of Computing in Civil Engineering, 2009, 23(6): 363-371.

[31] Hermann U R, Hendi A, Olearczyk J, et al. An integrated system to select, position, and simulate mobile cranes for complex industrial projects[C].Construction Research Congress 2010, Banff, Alberta, Canada: ASCE, 2010.

[32] Manrique J D, Al-Hussein M, Telyas A, et al. Constructing a complex precast tilt-up-panel structure utilizing an optimization model, 3D CAD, and animation[J]. Journal of Construction Engineering and Management, 2007, 133: 199.

[33] Hammad A, Wang H, Zhang C, et al. Visualizing crane selection and operation in virtual environment[C]. Proceedings of the 6th International Conference on Construction Applications of Virtual Reality, Florida, 2006.

[34] Koo B, Fischer M. Feasibility study of 4D CAD in commercial construction[J]. Journal of Construction Engineering and Management, 2000, 126(4): 251-260.

[35] Liu L Y. Construction crane operation simulation[C]. Computing in Civil Engineering, Atlanta, Ga.: ASCE, 1995.

[36] Tantisevi K, Akinci B. Simulation-based identification of possible locations for mobile cranes on construction sites[J]. Journal of Computing in Civil Engineering, 2008, 22(1): 21-30.

[37] Tantisevi K, Akinci B. Transformation of a 4D product and process model to generate motion of mobile cranes[J]. Automation in Construction, 2009, 18(4): 458-468.

[38] Tantisevi K. Representations and formalisms for generating conflict-free workspaces of mobile cranes on construction sites[D]. Pittsburgh, Pennsylvania, USA: Carnegie Mellon University, 2006.

[39] Tantisevi K, Akinci B. Automated generation of workspace requirements of mobile crane operations to support conflict detection[J]. Automation in Construction, 2007, 16(3): 262-276.

[40] Akinci B, Tantisevi K, Ergen E. Assessment of the capabilities of a commercial 4D CAD system to visualize equipment space requirements on construction sites[C]. Construction Research Congress 2003, Honolulu, Hawaii, USA, 2003.

[41] Akinci B, Fischer M, Kunz J. Automated generation of work spaces required by construction activities[J]. Journal of Construction Engineering and Management, 2002, 128(4): 306-315.

[42] Taghaddos H, Abourizk S, Mohamed Y, et al. Simulation-based multiple heavy lift planning in industrial construction[C]. Construction Research Congress 2010: Innovation for Reshaping Construction Practice, Banff, Alberta, Canada: American Society of Civil Engineers, 2010.

[43] Lin K L, Haas C T. Multiple heavy lifts optimization[J]. Journal of Construction Engineering and Management, 1996, 122(4): 354-362.

[44] 林远山. 基于三维引擎的吊装仿真系统研究[D]. 大连: 大连理工大学, 2008.

[45] 吴芝亮, 章青. 浮式起重船吊装过程的计算机仿真[J]. 中国海上油气(工程), 2002, 14(5): 56-59.

[46] 李芃, 刘胜. 基于 OpenGL 的船载特种起重机仿真系统设计[J]. 自动化技术与应用, 2006(7): 47-49.

[47] 陈纯杰. 基于 VRML 的起重机仿真系统的研究及实现[D]. 武汉: 武汉理工大学, 2006.

[48] 尹铁红. 起重机吊装过程数学仿真研究[D]. 哈尔滨: 哈尔滨工程大学, 2007.

[49] 施志强, 章青. 履带起重机吊装过程的避障与仿真研究[J]. 科学技术与工程, 2008, 8(13): 3606-3609.

[50] 王波兴, 冯茂盛. 基于物理引擎的汽车起重机实时仿真[J]. 计算机工程与设计, 2011, 32(5): 1753-1758.

[51] 王洪路. 基于开源引擎的协同吊装仿真研究与实现[D]. 大连: 大连理工大学, 2009.

[52] 张靖. 虚拟现实技术在吊装仿真与方案制定中的应用[D]. 大连: 大连理工大学, 2009.

[53] 林远山, 郑亚辉, 梁友国, 等. 面向大型吊装的三维仿真系统[J]. 中国工程机械学报, 2010, 8(2): 238-243.

[54] 苏柏华. 大型结构物吊装的虚拟现实系统[D]. 大连: 大连理工大学, 2010.

[55] 刘芳. 面向吊装工程的履带起重机站位优化研究[D]. 大连: 大连理工大学, 2011.

[56] Souissi R, Koivo A J. Modelling and control of two co-operating planar cranes[C]. 1993 IEEE International Conference on Robotics and Automation, Atlanta, Ga., 1993.

[57] Zhang C, Hammad A. Collaborative agent-based system for multiple crane operation[C]. The 24th International Symposium on Automation & Robotics in Construction (ISARC 2007), I.I.T. Madras, India, 2007.

[58] Wang X, Wang H L, Wu D. Interactive simulation of crawler crane's lifting based on OpenGL[C]. ASME 2008 International Design Engineering Technical Conferences and Computers and Information in Engineering Conference (IDETC/CIE 2008), Brooklyn, New York, USA: ASME, 2008.

[59] Wu D, Lin Y S, Wang X, et al. Design and realization of crawler crane's lifting simulation system[C]. ASME 2008 International Design Engineering Technical Conferences and Computers and Information in Engineering Conference (IDETC/CIE 2008), Brooklyn, New York, USA: ASME, 2008.

[60] Deen Ali M S A, Babu N R, Varghese K. Collision free path planning of cooperative crane manipulators using genetic algorithm[J]. Journal of Computing in Civil Engineering, 2005, 19(2): 182-193.

[61] Chi H L, Hung W H, Kang S C. A physics based simulation for crane manipulation and cooperation[C]. Proceedings of Computing in Civil Engineering Conference, 2007.

[62] Hung W H, Kang S C. Physics-based crane model for the simulation of cooperative erections[C]. 9th International Conference on Construction Applications of Virtual Reality, Sydney, Australia, 2009.

[63] Chi H L, Kang S C. A physics-based simulation approach for cooperative erection activities[J]. Automation in Construction, 2010, 19(6): 750-761.

[64] 胡尚礼. 多台履带式起重机协同作业研究[D]. 天津: 天津大学, 2007.

[65] 田磊, 吕恬生, 宋立博, 等. 嵌入式多机协调吊装控制系统设计与研究[J]. 机械与电子, 2007(12): 40-43.

[66] 田磊. 多机协调吊装平台控制系统设计与研究[D]. 上海: 上海交通大学, 2007.

[67] 张成文. 多台起重机协同吊装技术及仿真系统的研究[D]. 大连: 大连理工大学, 2011.

[68] Leonard J J, Durrant-Whyte H F. Mobile robot localization by tracking geometric beacons[J]. IEEE Transactions on Robotics and Automation, 1991, 7(3): 376-382.

[69] Ahuja R K, Magnanti T L, Orlin J B. Network Flows: Theory, Algorithms, and Applications[M]. Englewood Cliffs: Prentice Hall, 1993: 108-112.

[70] Papadatos A. Research on motion planning of autonomous mobile robot[R]. DTIC Document, 1996.

[71] Yershov D S, LaValle S M. Simplicial Dijkstra and A* algorithms for optimal feedback planning[C]. 2011 IEEE/RSJ International Conference on Intelligent Robots and Systems (IROS), San Francisco, CA, 2011.

[72] Cagigas D. Hierarchical D* algorithm with materialization of costs for robot path planning[J]. Robotics and Autonomous Systems. 2005, 52(2-3): 190-208.

[73] Ferguson D, Stentz A. Using interpolation to improve path planning: The field D* algorithm[J]. Journal of Field Robotics, 2006, 23(2): 79-101.

[74] Dakulovi M, Petrovi I. Two-way D* algorithm for path planning and replanning[J]. Robotics and Autonomous

Systems, 2011, 59(5): 329-342.

[75] Oommen B, Iyengar S, Rao N, et al. Robot navigation in unknown terrains using learned visibility graphs. Part I: The disjoint convex obstacle case[J]. IEEE Journal of Robotics and Automation, 1987, 3(6): 672-681.

[76] Parsons D, Canny J. A motion planner for multiple mobile robots[C]. 1990 IEEE International Conference on Robotics and Automation, Cincinnati, OH, 1990.

[77] Chen D Z, Szczerba R J, Jr Uhran J J. A framed-quadtree approach for determining euclidean shortest paths in a 2-D environment[J]. IEEE Transactions on Robotics and Automation, 1997, 13(5): 668-681.

[78] Lee T, Baek S, Choi Y, et al. Smooth coverage path planning and control of mobile robots based on high-resolution grid map representation[J]. Robotics and Autonomous Systems, 2011, 59(10): 801-812.

[79] Canny J. A Voronoi method for the piano-movers problem[C]. 1985 IEEE International Conference on Robotics and Automation, St. Louis, MO, USA, 1985.

[80] Hwang Y K, Ahuja N. A potential field approach to path planning[J]. IEEE Transactions on Robotics and Automation. 1992, 8(1): 23-32.

[81] 王小平, 曹立明. 遗传算法: 理论, 应用及软件实现[M]. 西安: 西安交通大学出版社, 2002: 1-10.

[82] Dorigo M, Stutzle T. 蚁群优化[M]. 北京: 清华大学出版社, 2007: 1-22.

[83] 侯媛彬, 杜京义, 汪梅. 神经网络[M]. 西安: 西安电子科技大学出版社, 2007: 30-52.

[84] Barraquand J, Latombe J. Robot motion planning: A distributed representation approach[J]. The International Journal of Robotics Research, 1991, 6(10): 628-649.

[85] Bessiere P, Ahuactzin J M, Talbi E G, et al. The Ariadne's clew algorithm: Global planning with local methods[C]. IEEE/RSJ International Conference on Intelligent Robots & Systems, Pittsburgh, PA, 1995.

[86] Kavraki L E, Svestka P, Latombe J C, et al. Probabilistic roadmaps for path planning in high-dimensional configuration spaces[J]. IEEE Transactions on Robotics and Automation. 1996, 12(4): 566-580.

[87] LaValle S M. Rapidly-exploring random trees: A new tool for path planning[R]. The Annual Research Report, 1998.

[88] Reddy H R. Automated path planning of crane lifts[D]. Madras: Indian Institute of Technology, 1997.

[89] Reddy H R, Varghese K. Automated path planning for mobile crane lifts[J]. Computer-Aided Civil and Infrastructure Engineering, 2002, 17(6): 439-448.

[90] Sivakumar P L, Varghese K, Babu N R. Automated path planning of cooperative crane lifts using heuristic search[J]. Journal of Computing in Civil Engineering, 2003, 17(3): 197-207.

[91] 张玉院. 移动式起重机无碰撞路径规划的设计与实现[D]. 大连: 大连理工大学, 2010.

[92] Wang X, Zhang Y Y, Wu D, et al. Collision-free path planning for mobile cranes based on ant colony algorithm[J]. Key Engineering Materials, 2011, 467: 1108-1115.

[93] Chang Y C, Hung W H, Kang S C. A fast path planning method for single and dual crane erections[J]. Automation in Construction, 2012, 22: 468-480.

[94] Zhang C, Hammad A, Albahnassi H. Path re-planning of cranes using real-time location system[C]. 26th International Symposium on Automation and Robotics in Construction (ISARC 2009), 2009.

[95] Zhang C, Albahnassi H, Hammad A. Improving construction safety through real-time motion planning of cranes[C]. The International Conference on Computing in Civil and Building Engineering, 2010.

[96] Bhaskar S V, Babu N R, Varghese K. Spline based trajectory planning for cooperative crane lifts[C]. Proceedings of the 23rd ISARC, Tokyo, Japan, 2006.

2

多重约束的移动式起重机选型算法研究

起重机选型是吊装方案设计的核心内容，也是吊装仿真、吊装运动规划的基础和前提。本章给出一种多重约束的移动式起重机选型算法，用以快速选出满足吊装要求的伸缩臂起重机或桁架臂起重机的作业工况。

2.1 概　　述

起重机选型是吊装工程生命周期中的核心环节。针对某一吊装工程，需要选择合适且满足特定工况要求的起重机来完成既定的吊装任务。合理、快捷而准确地选择起重机无疑可以大大提高作业效率、缩短工期，从而创造更多的效益。相反，如果选择的起重机不合适，则不仅会增加成本，更严重的可能会埋下安全隐患。在实际工程上，设计者通过查阅起重性能表，计算起升高度、作业半径，计算被吊物与臂架的间距等，确定可行的起重机，最后对可行的起重机作业工况进行反复对比实验，以选取最优作业工况，此方法烦琐、费时、费力。

为了辅助设计者快速选择合适的起重机，学者对起重机选型做了大量研究[1-4]。部分学者采用基于统计或是机器学习的方法对起重机选型进行了研究，也有部分学者应用三维图形学和仿真技术对起重机选型进行了研究[5-10]，还有一些学者对起重机选型和站位进行了研究[7, 9, 11, 12]。以上关于起重机选型方法的研究均基于起重性能表计算，考虑了诸如起重机性能、最大起升高度、起重机和周围障碍物的间距约束条件。采用现有的方法进行起重机选型在一定程度上减轻了设计者的工作负担。然而，现有方法中被吊物与臂架间距计算复杂，且大多未考虑对起重机选型也有着极其重要影响的接地比压因素，这与实际选型有较大的差别，会带来较大的偏差。此外，现有研究更多是针对臂架形式单一的伸缩臂起重机和建筑塔机，而对应用广泛的桁架臂起重机选型研究甚少，使得现有的方法及相应的系统在工程应用中存在局限性。

因此，本章针对以上问题，给出一种多重约束的移动式起重机选型算法，可对伸缩臂起重机和桁架臂起重机进行选型。首先建立多重约束的移动式起重机选型数学模型，设计一种综合考虑起重性能、被吊物与臂架间距、接地比压约束的起重机选型算法框架，并以具有多种复杂臂架组合形式的桁架臂起重机为例详细阐述算法框架中各约束的处理过程。

2.2　多重约束的移动式起重机选型数学模型构建

本节阐述移动式起重机选型数学模型的建立。首先简要介绍移动式起重机的工作原理及起重性能表，然后分析影响起重机选型的主要因素，最后建立多重约束的移动式起重机选型数学模型。需要说明的是，本章所提的移动式起重机主要包括桁架臂履带起重机、桁架臂汽车起重机、伸缩臂履带起重机、伸缩臂汽车起重机。

2.2.1　移动式起重机工作原理

移动式起重机的吊装作业是杠杆原理的应用，以回转支承为支点、臂架为杠杆，利用车身后的配重将被吊物吊起。因而起重机能吊起多重的被吊物（即起重性能）与臂长、臂架仰角、作业半径、配重等因素有关，当然还和起重机各部件自身的强度、刚度有关，因为其中的杠杆在工作过程中不能损坏。对于带超起装置的起重机来说，其起重性能还与超起配重重量及超起半径有关；对于带副臂的起重机来说，其起重性能还与副臂长度、副臂仰角有关。所有与起重机性能相关的因素集合我们称之为起重机作业工况。显然，不同的起重机作业工况对应着不同的额定起重量。由于起重机作业工况中各因素与额定起重量是一种复杂的非线性关系，所以额定起重量难以解析表达。为此，起重机制造商以表格的形式描述起重机的起重性能，并提供给起重机使用者。

为减少性能表数量，制造商在制作起重性能表时通常采用以下方式进行离散化：①作业半径以 2m 或 3m 的增量进行定义；②伸缩臂起重机的臂架由多个可伸缩的臂节组成，并且每个臂节只能伸展若干个长度，因而其臂长以臂节数量及每节伸长量定义；③桁架臂起重机的臂架由若干种长度的臂节拼接而成，因而其臂长用各臂节长度总和来定义；④若有超起装置，则超起半径和超起配重重量以某种方式进行离散化。图 2.1 是德马格 1600 吨级的桁架臂履带起重机 CC8800-1 超起主臂工况的一个起重性能表，其中表格的上方是起重机作业工况基本参数，表格最左边一列是作业半径，表格第一行为超起配重重量，表格其他值为对应的额定起重量。

Slew Range	0-360 °
Main Boom Length	48 m
SL-Mast Length	50 m
Track Width	10,5 m
Counterweight	295 t
Central Ballast	60 t
SL-Mast Radius	26,4 m
Superlift Radius	24 m

	0	100	180	240	340	440	540	640
9	969*	1129*	1257*	1352*^	(1512*^)	(1600*^)	(1600*^)	(1600*^)
10	893*	1041*	1159*	1248*	(1396*^)	(1544*^)	(1584*^)	(1584*^)
12	722	898*	1001*	1079*	1208*	(1337*)	(1466*^)	(1491*^)
14	602	788	879*	948*	1062*	1177*	(1292*)	(1406*^)
16	514	700	782	844*	947*	1050*	1152*	(1255*)
18	447	615	703	759	852*	946*	1039*	(1132*)
20	378	525	625	686	774	859*	945*	1030*
22	326	455	558	615	707	786	865*	944*
24	285	400	492	556	640	721	795	869*
26	252	356	439	502	584	661	731	799
28	225	320	396	453	536	608	675	739
30	203	290	360	412	495	562	627	687
34	167	242	302	347	422	487	546	601
38	141	207	259	299	365	429	481	515
42	121	180	227	262	320	379	427	427
45	109	164	207	239	294	348	366	(366)

图 2.1　CC8800-1 超起主臂工况的起重性能表

2.2.2　影响起重机选型的因素

起重性能要求是选型首要考虑的因素。起重机工作过程中任意状态下，其所承受的实际载荷必须小于当前作业工况对应的额定起重量，否则将可能会出现臂架折断或起重机倾翻事故，所以超载吊装是绝对不允许的。而在实际吊装任务中，除了要求额定起重量大于实际载荷外，还要求起重机有足够大的作业半径和足够高的高度以吊起被吊物或将被吊物安放到指定位置，事实上这些要求相互影响且均与起重性能有关。因此，所选的起重机作业工况所确定的额定起重量、额定起升高度、额定作业半径必须分别大于工作过程中最大的载荷、最大起升高度、最大工作半径，称为起重性能约束。

起重机选型中需要考虑被吊物与臂架碰撞问题。考虑到臂架变形和风载等原因引起的被吊物摆动对吊装的影响，在起重机选型中通常要求被吊物与臂架保持一定的安全距离，即作业过程中被吊物到臂架的最小距离必须大于所允许的最大间距，称此要求为间距约束。

接地比压要求是选型又一个重要的因素。接地比压是指起重机单位接地面积所承受的垂直载荷。由于起重机自重和被吊物重量都很重，因而起重机的接地比压通常很大，若超过地面所能承受的极限，地面将会塌陷而极其容易引起起重机倾翻事故，因此，接地比压必须小于地面所能承受的压力，这是起重机选型需要满足的又一个重要约束，称之为接地比压约束。

2.2.3　起重机选型的数学模型

通过以上的分析可知，起重机选型实质上是一个进行多重约束判定的查询过程，其数学模型可描述为式（2.1）。

$$S = f(Q, C_Q, C_D, C_P)$$

$$= \{q \mid q \in Q, C_Q(q) \geqslant 0, C_D(q) \geqslant 0, C_P(q) \geqslant 0\} \tag{2.1}$$

$$C_Q(q) = (G(q) - G')(R(q) - R')(H(q) - H') \tag{2.2}$$

$$C_D(q) = D(q) - D' \tag{2.3}$$

$$C_P(q) = GP' - GP(q) \tag{2.4}$$

式（2.1）中，S 为满足吊装要求的起重机作业工况集合；Q 为待检测的起重机作业工况集合；q 为某一起重机作业工况；C_Q、C_D 和 C_P 分别为起重性能约束、被吊物与臂架间距约束、接地比压约束，其值大于或等于零表示满足约束。式（2.2）～式（2.4）中，G'、R'、H'、D'、GP' 分别为实际吊装中最大的载荷、最大工作半径、最大起升高度、被吊物到臂架最小安全距离、地面所能承受的最大接地比压；$G(q)$、$R(q)$、$H(q)$、$D(q)$、$GP(q)$ 分别为起重机作业工况 q 所确定的额定起重量、作业半径、起升高度、起升中被吊物到臂架最小距离、接地比压。

2.3　起重机选型算法的总体框架

基于上述的数学模型，本节设计了移动式起重机选型算法总体框架，如图 2.2 所示。首先根据输入的被吊物信息、吊索具信息及吊装现场约束信息计算实际吊装的总重 G'、最大工作半径 R'、最大起升高度 H'、被吊物到臂架最小安全距离 D'、地面所能承受的最大接地比压 GP'，这些值作为边界条件将在接下来的起重性能、被吊物与臂架间距、接地比压约束判定中被使用；接着选定移动式起重机类型（桁架臂履带起重机、桁架臂汽车起重机、伸缩臂履带起重机、伸缩臂汽车起重机）；然后用相应的起重性能表数据库初始化待检测的起重机作业工况集合 Q；最后对 Q 中的每条记录进行起重性能、被吊物与臂架间距、接地比压三个约束的判定，若记录同时满足此三个约束，则将记录添加到技术可行的起重机作业工况集合中。

在以上三个约束判定中，$G(q)$、$R(q)$ 可直接从起重机作业工况 q 中获取，而 $H(q)$、$D(q)$、$GP(q)$ 则需要根据起重机类型及臂架组合形式进行复杂计算，不同的起重机类型和臂架组合形式，其计算过程有所不同。因此，起重机选型算法的关键在于 $H(q)$、$D(q)$、$GP(q)$ 的计算。下面将以应用广泛的桁架臂履带起重机为例，详细介绍 $H(q)$、$D(q)$、$GP(q)$ 的计算方法，以阐述上述移动式起重机选型算法框架的具体实现。

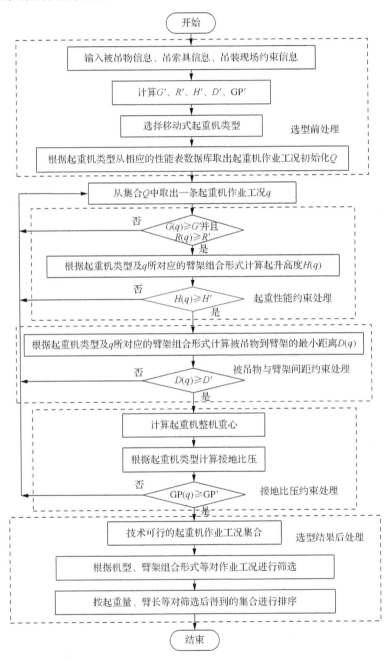

图 2.2　移动式起重机选型算法框架

2.4　桁架臂履带起重机选型实现

2.4.1　起重性能约束处理

起重性能约束处理是校核起重机某个作业工况在给定条件下其起升能力是否满足要求，具体包括额定起重量是否大于等于实际吊装总重、作业半径是否能达到实际要求、作业工况对应的额定起升高度是否大于等于实际吊装所要求的最低高度。

1. 起重量

起重性能约束处理首先要校核起重量是否满足要求，具体见式（2.5）。其中，G 为额定起重量，G' 为实际吊装总重。需要指出的是，由于起重机作业工况中的额定起重量是指起升绳以下所能承受的最大重量，所以实际吊装总重包括吊钩、平衡梁、索具、被吊物的重量，其示意图如图 2.3 所示，具体表达式见式（2.6）。

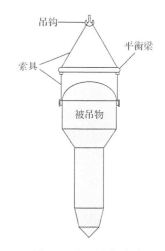

$$G \geqslant G' \qquad (2.5)$$

$$G' = G_L + G_{SL} + G_{SP} + G_H \qquad (2.6)$$

式中，G_L 为被吊物重量；G_{SL} 为索具重量；G_{SP} 为平衡梁重量；G_H 为吊钩重量。

图 2.3　实际吊装总重

2. 作业半径

作为影响起重性能的重要因素之一的作业半径 R 必须大于 R'，如式（2.7）所示。

$$R \geqslant R' \qquad (2.7)$$

式中，$R' = \max(R_s, R_t)$，R_s 是起吊时被吊物到回转中心的水平距离，R_t 是就位时被吊物到回转中心的水平距离。

3. 起升高度

起升高度校核是起重性能约束处理又一项重要内容，要求起重机作业工况对应的额定起升高度大于或等于实际吊装所要求的最低高度，如式（2.8）所示。其中，H' 为实际吊装所要求的最低高度，根据吊装环境及被吊物信息确定，具体通过式（2.9）求得。

$$H \geqslant H' \tag{2.8}$$

$$H' = H_{ob} + H_L + H_{L2H} + H_{LMT} \tag{2.9}$$

式中，H_{ob} 为设备底端要跨越的障碍物最大高度；H_L 为吊耳到设备底端的长度；H_{L2H} 为吊耳到吊钩的距离；H_{LMT} 为起重机设定的限位距离。

起重机作业工况对应的额定起升高度 H 计算较复杂，需要根据臂架组合形式计算得到，对于桁架臂履带起重机，其臂架组合形式主要包括主臂工况、固定副臂工况、塔式副臂工况。下面详细讨论在各种臂架组合形式下额定起升高度的计算过程。

1）主臂工况

主臂工况下的臂架系统由超起桅杆、桅杆、主臂等组成，主臂铰接在转台上，主臂铰点与回转中心有一定的偏移；起升滑轮组固定在主臂头上，距主臂轴线有一定距离。根据起重机臂架结构的特点，该工况下额定起升高度计算几何模型如图 2.4 所示，具体计算见式（2.10）。

$$H = \sqrt{(L_1^2 + D_1^2) - (R - X)^2} + Y \tag{2.10}$$

式中，X 为主臂铰点距回转中心的距离；Y 为主臂铰点距地面的高度；L_1 为主臂长度；D_1 为起升滑轮组距主臂轴线距离；R 为作业半径；H 为额定起升高度。

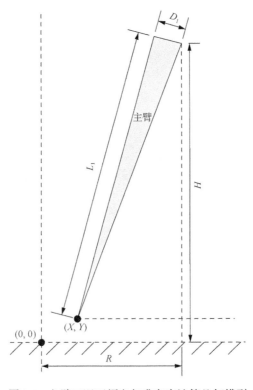

图 2.4 主臂工况下额定起升高度计算几何模型

2）固定副臂工况

固定副臂工况是为了增加起升高度和作业半径,在主臂臂头上铰接一臂架(固定副臂),与主臂轴线形成固定的安装角;起升滑轮组安装在固定副臂臂头上,距离副臂轴线有一定距离。该工况下额定起升高度计算几何模型如图 2.5 所示,具体计算见式(2.11)。

$$H = \sqrt{(L_1^2 + (L_2^2 + D_2^2) - 2L_1\sqrt{L_2^2 + D_2^2}\cos\gamma) - (R-X)^2} + Y \qquad (2.11)$$

$$\gamma = \pi - \theta - \arctan\left(\frac{D_2}{L_2}\right) \qquad (2.12)$$

式中,L_2 为固定副臂长度;D_2 为起升滑轮组距固定副臂轴线距离。

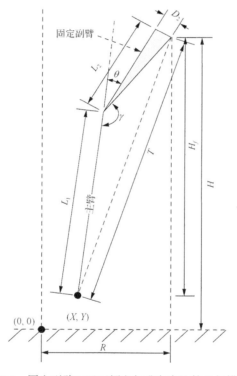

图 2.5   固定副臂工况下额定起升高度计算几何模型

3）塔式副臂工况

塔式副臂工况与固定副臂工况类似,为了增加起升高度和作业半径,在主臂臂头上铰接一臂架(塔式副臂),不同的是塔式副臂相对主臂的角度不是固定的,塔式副臂可以绕着副臂铰点做相对转动;起升滑轮组安装在塔式副臂臂头上,与塔式副臂轴线有一定距离。该工况下额定起升高度计算几何模型如图 2.6 所示,具体计算见式(2.13)。

$$H = \sqrt{(L_3^2 + D_3^2) - (R - X - L_1 \cos\alpha)^2} + L_1 \sin\alpha + Y \qquad (2.13)$$

式中，α 为主臂工作角；L_3 为塔式副臂长度；D_3 为起升滑轮组距塔式副臂轴线距离。

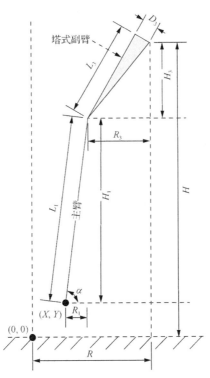

图 2.6 塔式副臂工况下额定起升高度计算几何模型

2.4.2 被吊物与臂架间距约束处理

吊装过程中被吊物非常容易与起重机的臂架发生碰撞，尤其是体积大的被吊物，因此在起重机选择过程中需要计算被吊物与臂架的间距。

直接计算吊装过程中被吊物与臂架之间的最小间距非常复杂。现有的起重机选型算法通常针对特定的吊装建立起重机、被吊物的三维模型，然后在三维虚拟空间中计算被吊物到臂架的最小距离，此类方法不仅需要为被吊物和起重机建立相应的三维模型，而且计算复杂度高。事实上，在实际吊装尤其是石化建设吊装中，被吊物通常为变径或不变径的圆柱体罐体或长方体框架，在这种情况下吊装过程中的被吊物与臂架是始终在同一变幅平面内的，并且在该平面内最有可能发生干涉，为此，本书将被吊物和臂架投影到变幅平面内，把三维空间问题转化为平面问题，然后再进行最小间距计算。根据臂架组合形式将最小间距计算分为以下工况，具体计算如下。

1. 主臂工况

图 2.7 为主臂工况下被吊物与臂架间距的计算几何模型，图中 $P(x_0, y_0)$ 是起升过程中潜在的碰撞点，而 $Q(x_1, y_1)$ 为吊装过程中 P 所能达到的最高点，L_c 为平行主臂轴线的直线，其到主臂轴线的距离为臂架半高与最小安全距离之和。在此基础上，被吊物与臂架的最小间距是否大于最小安全距离即可转化为判定 Q 到直线 L_c 的距离是否为正。根据图 2.7，直线 L_c 的表达式及 Q 到直线 L_c 的距离 d 分别为式（2.14）和式（2.15）。

$$x \tan \alpha - y - \left(X + \frac{S_1 + D'}{\sin \alpha} \right) \tan \alpha + Y = 0 \qquad (2.14)$$

$$d = \frac{x_0 \tan \alpha - (y_0 + \Delta H) - \left(X + \dfrac{S_1 + D'}{\sin \alpha} \right) \tan \alpha + Y}{\sqrt{\tan^2 \alpha + 1}} \geqslant 0 \qquad (2.15)$$

式中，S_1 为主臂高度的一半（从起重机外形尺寸数据库获得）；ΔH 是最大起升变化量。

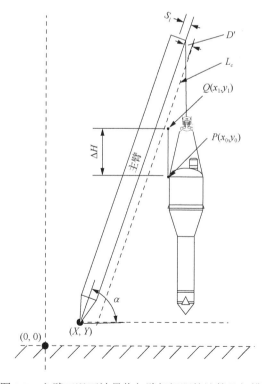

图 2.7 主臂工况下被吊物与臂架间距的计算几何模型

2. 固定副臂和塔式副臂工况

图 2.8 为固定副臂和塔式副臂工况下被吊物与臂架间距的计算几何模型，图中 $P(x_0, y_0)$ 是起升过程中潜在的碰撞点，而 $Q(x_1, y_1)$ 为吊装过程中 P 所能达到的最高点，L_{c1} 为平行主臂轴线的直线，其到主臂轴线的距离为主臂半高与最小安全距离之和，L_{c2} 为平行副臂轴线的直线，其到副臂轴线的距离为副臂半高与最小安全距离之和。在此基础上，被吊物与臂架的最小间距是否大于最小安全距离即可转化为判定 Q 到直线 L_{c1} 和 L_{c2} 的距离是否同时为正。根据图 2.8，可求得直线 L_{c1} 和 L_{c2} 的表达式如式（2.14）和式（2.16）所示，进而可求得 Q 到直线 L_{c1} 和 L_{c2} 的距离分别为式（2.17）和式（2.18）。

$$x\tan\beta - y - \left(X + L_1\cos\alpha + \frac{S_2 + D'}{\sin\beta}\right)\tan\beta + Y + L_1\sin\alpha = 0 \qquad (2.16)$$

$$d_1 = \frac{x_0\tan\alpha - (y_0 + \Delta H) - \left(X + \dfrac{S_1 + D'}{\sin\alpha}\right)\tan\alpha + Y}{\sqrt{\tan^2\alpha + 1}} \geqslant 0 \qquad (2.17)$$

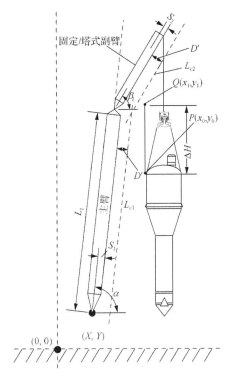

图 2.8　固定副臂和塔式副臂工况下被吊物与臂架间距的
计算几何模型

$$d_2 = \frac{x_0 \tan\beta - (y_0 + \Delta H) - \left(X + L_1 \cos\alpha + \dfrac{S_2 + D'}{\sin\beta}\right)\tan\beta + Y + L_1 \sin\alpha}{\sqrt{\tan^2\beta + 1}} \geq 0 \quad (2.18)$$

式中，β 为副臂仰角；S_2 为副臂高度的一半（从起重机外形尺寸数据库获得）；d_1、d_2 为点 Q 到直线 L_{c1} 和 L_{c2} 的距离。

2.4.3 履带接地比压处理

履带单位接地面积所承受的垂直载荷，称为履带接地比压。这是履带式工程机械的一个非常重要的技术参数，直接决定机器的行驶通过性和工作稳定性。履带接地比压计算模型如图 2.9 所示，其中 L 为履带长度，b 为单条履带宽度，B 为两履带间距，G_g 为起重机自重与垂直外载荷所构成的合力，w 为垂直于履带方向的偏心距（即横向偏心距），E 为履带方向的偏心距（即纵向偏心距）。

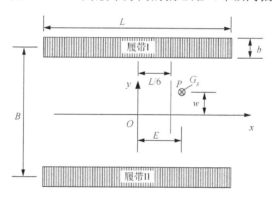

图 2.9 履带接地比压计算模型

因此，根据工程机械履带-地面附着力矩理论可得履带 I 和 II 在 x 处的接地比压计算公式，分别如式（2.19）和式（2.20）所示。

（1）当纵向偏心距 $|E| \leq \dfrac{L}{6}$ 时，

$$\begin{cases} P_x^{\mathrm{I}} = \dfrac{G_g}{2bL}\left(1 + \dfrac{2w}{B}\right)\left(1 + \dfrac{12Ex}{L^2}\right) \\[3mm] P_x^{\mathrm{II}} = \dfrac{G_g}{2bL}\left(1 - \dfrac{2w}{B}\right)\left(1 + \dfrac{12Ex}{L^2}\right) \end{cases} \quad (2.19)$$

（2）当纵向偏心距 $|E| > \dfrac{L}{6}$ 时，

$$\begin{cases} P_x^{\mathrm{I}} = \dfrac{G_g}{9b\left(\dfrac{L}{2}-|E|\right)^2}\left(1+\dfrac{2w}{B}\right)(L-3|E|+|x|) \\[4mm] P_x^{\mathrm{II}} = \dfrac{G_g}{9b\left(\dfrac{L}{2}-|E|\right)^2}\left(1-\dfrac{2w}{B}\right)(L-3|E|+|x|) \end{cases} \tag{2.20}$$

事实上，(E,w) 即为起重机整机重心在地面上的投影，其具体计算见式（2.21）和式（2.22）。

$$E = \frac{\sum_i G_i e_i}{\sum_i G_i} \tag{2.21}$$

$$w = \frac{\sum_i G_i w_i}{\sum_i G_i} \tag{2.22}$$

式中，G_i 为第 i 个部件的重量；w_i 为第 i 个部件垂直于履带方向的相对重心，是地面承受的总重量的一部分；e_i 为第 i 个部件沿履带方向的相对重心。各部件的重心坐标可以根据当前的回转角、臂架的仰角以及数据库中各部件的相对重心位置参数等信息计算。

起重机选型中的接地比压计算须满足式（2.23）。

$$\mathrm{GP} \leqslant \mathrm{GP}' \tag{2.23}$$

$$\mathrm{GP} = \max(\max(P_x^{\mathrm{I}}),\max(P_x^{\mathrm{II}})) \tag{2.24}$$

2.5　小　结

本章给出了一种多重约束的移动式起重机人机交互优选算法。首先构建了多重约束的起重机选型数学模型，并据此给出起重机选型算法的总体框架，然后以桁架臂履带起重机为例详细阐述了算法框架中起重性能、被吊物与臂架间距、接地比压约束的计算方法。在实际吊装尤其是石化建设吊装中，被吊物通常为变径或不变径的圆柱体罐体或长方体框架，在这种情况下被吊物与臂架共面（重力作用使它们同在变幅平面内），这时在该平面上发生干涉的概率最高，算法将三维空间距离计算问题转化到二维空间进行解决，降低了被吊物与臂架间距约束处理的难度，同时避免了建立起重机、被吊物三维模型及空间距离计算。此外，将接地比压作为起重机选型的一个约束条件，一定程度上提高了选型的精度。此算法框架已在我们自主开发的计算机辅助吊装方案设计系统中实现，并应用于中石化的实际吊装项目。

参 考 文 献

[1] Warszawski A. Expert systems for crane selection[J]. Construction Management and Economics, 1990, 8(2): 179-190.

[2] Hanna A S, Lotfallah W B. A fuzzy logic approach to the selection of cranes[J]. Automation in Construction, 1999, 8(5): 597-608.

[3] Sawhney A, Mund A. Adaptive probabilistic neural network-based crane type selection system[J]. Journal of Construction Engineering and Management, 2002, 128: 265.

[4] Sawhney A, Mund A. IntelliCranes: An integrated crane type and model selection system[J]. Construction Management & Economics, 2001, 19(2): 227-237.

[5] Satyanarayana R D, Varghese K, Srinivasan N. A computer-aided system for planning and 3D-visualization of multiple heavy lifts operations[C].24th International Symposium on Automation and Robotics in Construction, Kochi, India: I.I.T. Madras, 2007.

[6] Moselhi O, Alkass S, Al-Hussein M. Innovative 3D-modelling for selecting and locating mobile cranes[J]. Engineering, Construction and Architectural Management, 2004, 11(5): 373-380.

[7] Al-Hussein M. An integrated information system for crane selection and utilisation[D]. Montreal, Quebec, Canada: Concordia University, 1999.

[8] Varghese K, Dharwadkar P, Wolfhope J, et al. A heavy lift planning system for crane lifts[J]. Computer-Aided Civil and Infrastructure Engineering, 1997, 12(1): 31-42.

[9] Dharwadkar P V, Varghese K, O'Connor J T, et al. Graphical visualization for planning heavy lifts[C]. Proceedings of the 1st Congress on Computing in Civil Engineering, Washington, D. C., USA: ASCE, 1994.

[10] Hornaday W C, Wen J. Computer-aided planning for heavy lifts[J]. Journal of Construction Engineering and Management, 1993, 119(3): 498-515.

[11] Al-Hussein M, Alkass S, Moselhi O. Optimization algorithm for selection and on site location of mobile cranes[J]. Journal of Construction Engineering and Management, 2005, 131(5): 579-590.

[12] Al-Hussein M, Alkass S, Moselhi O. An algorithm for mobile crane selection and location on construction sites[J]. Construction Innovation: Information, Process, Management, 2001, 1(2): 91-105.

3

单台移动式起重机吊装仿真

3.1 概　　述

随着计算机图形学和虚拟现实技术的进一步发展，三维仿真技术在许多领域得到了广泛应用[1-9]。国内外学者也逐渐尝试在工程机械领域利用三维仿真来模拟机器的工作过程。文献[10]～[12]利用 OpenGL 对船载特种起重机进行三维图形建模，实现了在各种海情下船载特种起重机工作状态的仿真。王海洋等[13]利用OpenGL 设计并实现了多级油缸起竖过程的运动仿真，生动形象地再现了多级油缸起竖过程中运动的各个细节。然而，面向履带起重机吊装过程的三维仿真鲜有报道。

本书针对履带起重机吊装方案的演示，研制三维仿真系统。吊装方案的确定是吊装作业的一个重要环节，吊装方案的好坏直接影响吊装作业的可行性、吊装的工作量以及吊装的成本等，吊装方案的确定主要是以人工方式进行，吊装方案制订人员先到吊装现场考察，调查可用的起重机，然后查阅起重机的性能参数，最后制订出吊装方案。可以看出，以人工方式进行吊装方案的确定是一项烦琐的工作，并且在吊装方案确定之后不可能立即看到吊装方案执行的效果，这样就不能在真正实施方案之前分析其效率和可行性。

因此，可以利用计算机仿真技术在计算机上生成具有真实感的仿真环境，实现各种作业方式下的履带起重机工作状态仿真，并通过人机接口对作业环境和起重机控制的交互式操作进行吊装方案的演示。系统先根据工况要求自动生成满足工况要求的一组吊装方案，并能对每一种吊装方案进行吊装方案的演示，可以在实施吊装方案之前演示每一种方案的效果，提前排除了不可行的方案，从而极大地减轻了方案制订人员的工作负担，提高了吊装方案的可行性，并降低了吊装的成本。因此，面向吊装方案演示的履带起重机三维仿真系统的实现有着重要的现实意义。

3.2 履带起重机吊装运动仿真数学模型

3.2.1 履带起重机三种作业工况的数学模型

起重机的运动主要有整机行走、转台回转、主臂变幅、副臂变幅和起升等基本运动以及由它们组成的复合运动。对于整机行走、转台回转和重物起升等运动，它们的运动计算比较简单，直接在某个变化方向上加一个步长增量即可；而对于主臂和副臂变幅的运动来说，其计算要复杂一点，对不同的作业方式有不同的计算方法。

（1）对于主臂作业方式，需要计算主臂仰角，其臂架结构简图如图 3.1 所示。

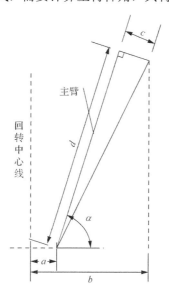

图 3.1 主臂作业方式臂架结构简图

图 3.1 中，主臂铰点到回转中心距离为 a；起重机幅度为 b；主臂滑轮组到主臂轴线的距离为 c；主臂长度为 d；主臂仰角 α 为所求，根据图 3.1 利用几何关系求得

$$\alpha = \arctan\left(\frac{c}{d}\right) + \arccos\left(\frac{b-a}{\sqrt{c^2+d^2}}\right) \tag{3.1}$$

（2）对于固定副臂作业方式，需要计算主臂仰角。其特点为固定副臂不能变幅，它是以一个固定的安装角安装在主臂顶端，随着主臂运动，其臂架结构简图如图 3.2 所示。

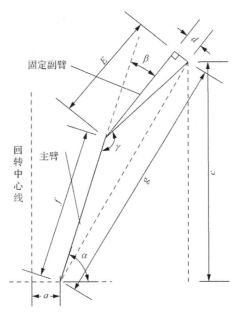

图 3.2   固定副臂作业方式臂架结构简图

图 3.2 中，主臂铰点到回转中心距离为 a；起重机幅度为 b；主臂铰点到固定副臂滑轮组垂直高度为 c；主臂滑轮组到主臂轴线的距离为 d；固定副臂长度为 E；主臂长度为 f；固定副臂滑轮组到主臂铰点的距离为 g；主臂轴线与副臂滑轮组到副臂铰点连线的夹角为 γ；主臂仰角 α 为所求，根据图 3.2 可以得到

$$\gamma = \pi - \beta - \arctan\left(\frac{d}{E}\right) \tag{3.2}$$

$$g^2 = f^2 + \left(d^2 + E^2\right) - 2f\sqrt{d^2 + E^2}\cos\gamma \tag{3.3}$$

$$c = \sqrt{g^2 - \left(b - a\right)^2} \tag{3.4}$$

$$\alpha = \arctan\left(\frac{c}{b-a}\right) + \arccos\left(\frac{f^2 + g^2 - \left(d^2 + E^2\right)}{2fg}\right) \tag{3.5}$$

（3）对于塔式副臂作业方式，需要计算塔式副臂仰角。其特点是在作业过程中主臂仰角固定，只允许塔式副臂变幅，其臂架结构简图如图 3.3 所示。

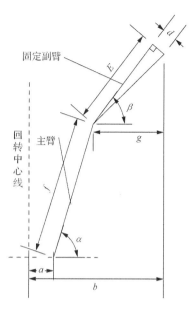

图 3.3　塔式副臂作业方式臂架结构简图

图 3.3 中，主臂铰点到回转中心距离为 a；起重机幅度为 b；塔式副臂滑轮组到塔式副臂轴线的距离为 d；塔式副臂长度为 E；主臂长度为 f；主臂仰角为 α，塔式副臂仰角 β 为所求，根据图 3.3 可以得到

$$g = b - a - f \cos a \tag{3.6}$$

$$\beta = \arctan\left(\frac{d}{E}\right) + \arccos\left(\frac{g}{\sqrt{d^2 + E^2}}\right) \tag{3.7}$$

3.2.2　履带起重机的运动关联

运动关联就是一个对象运动状态的改变影响到另一个对象运动的状态。以履带起重机在超起塔式副臂作业方式为例，主臂坐落在转台的前端，塔式副臂下端铰接在主臂的上端，而吊钩通过钢丝绳吊挂在塔式副臂的上端。因此，转台的回转运动状态必然会对主臂、塔式副臂和重物的运动产生关联。即如果转台和主臂运动时，主臂的实际运动是主臂在转台局部坐标系中的运动与转台在全局坐标系下运动的合成。

显然，转台与主臂同时运动，则塔式副臂的变幅运动是塔式副臂在主臂局部坐标系中的运动与主臂在全局坐标系下运动的合成；而重物的起升运动则是重物在塔式副臂局部坐标系中的运动与塔式副臂在全局坐标系下运动的合成。

3.2.3　起重机运动过程仿真

通过人机接口向系统的总控制台输入起重机的运动参数，如运动对象、运动方向、运动速度大小等。总控制台得到这些参数后，把在实时动态显示控制系统中得到的起重机各部件当前位置信息和这些参数送给数学模型计算系统，数学模型计算系统根据这些数据和设定的运动时间步长计算出起重机各部件在下一个时刻的位置，然后把结果送给实时动态显示控制系统实时更新各个部件模型的位置。整个渲染过程连续进行，因此可得到整个运动过程的实时仿真。

在实现过程中，采用层级结构和面向对象的建模方法进行起重机各部件模型的管理。层级结构和面向对象建模方法利用自上而下的树形结构来表示起重机的各部件，这样可以有效地描述整个起重机各部件的三维空间关系，同时也很自然地实现了各部件的运动关联。

3.3　履带起重机整机重心和接地比压计算

履带起重机由左右履带总成、车架、转台、臂架等各部分组成，履带起重机的整机实时重心可利用组合物体重心计算方法求得，具体公式如下：

$$\begin{cases} x = \dfrac{\sum\limits_{i} G_i x_i}{\sum\limits_{i} G_i} \\[4mm] y = \dfrac{\sum\limits_{i} G_i y_i}{\sum\limits_{i} G_i} \end{cases} \tag{3.8}$$

式中，G_i 为第 i 个部件的重量；x_i 为第 i 个部件的当前重心 x 坐标；y_i 为第 i 个部件的当前重心 y 坐标。各部件的重心坐标可以根据当前的回转角、臂架的仰角以及数据库中各部件的相对重心位置参数等信息计算。

履带单位接地面积所承受的垂直载荷称为履带接地比压[7]。履带的接地比压计算公式[13]如下。

（1）当纵向偏心距 $|E| \leqslant \dfrac{L}{6}$ 时，

$$\begin{cases} P_x^{\mathrm{I}} = \dfrac{G}{2WL}\left(1 + \dfrac{2C}{B}\right)\left(1 + \dfrac{12Ex}{L^2}\right) \\[4mm] P_x^{\mathrm{II}} = \dfrac{G}{2WL}\left(1 - \dfrac{2C}{B}\right)\left(1 + \dfrac{12Ex}{L^2}\right) \end{cases} \tag{3.9}$$

（2）当纵向偏心距 $|E| > \dfrac{L}{6}$ 时，

$$\begin{cases} P_x^{\mathrm{I}} = \dfrac{G}{9W\left(\dfrac{L}{2}-|E|\right)^2}\left(1+\dfrac{2C}{B}\right)(L-3|E|+|x|) \\[4mm] P_x^{\mathrm{II}} = \dfrac{G}{9W\left(\dfrac{L}{2}-|E|\right)^2}\left(1-\dfrac{2C}{B}\right)(L-3|E|+|x|) \end{cases} \quad (3.10)$$

式中，G 为机器工作重力与垂直外载荷所构成的合力；W 为履带接地宽度；L 为履带接地区段长度；C 为横向偏心距；B 为轨距；E 为纵向偏心距。

3.4 吊装过程三维可视化

仿真系统的三维图形建模系统是履带起重机三维仿真系统的重要组成部分，能够完成起重机的各机械部件、重物以及作业环境的三维图形建模。三维图形建模是基于 OpenGL 的三维图形建模，采用了层级结构和面向对象的建模方法，充分利用了 OpenGL 特有的交互式技术，便于图形的动态显示、系统的维护和扩展，主要包括以下内容。

（1）作业虚拟环境图形建模：对履带起重机的工作环境几何图形建模，包括天空和地面的图形建模。在对天空和地面建模的过程中，利用 OpenGL 的纹理映射（texture mapping）技术生成真实感很强的三维作业环境。

（2）起重机实体建模：对履带起重机进行三维几何图形建模，主要采用层级结构和面向对象的建模方法，利用层级结构把起重机的各部件模型之间的关系封装为一体并以对象表示。它的建模过程是：从数据库中取出起重机部件的外形尺寸数据，利用 OpenGL 标准的基本图元建立履带、转台、主臂、固定副臂、塔式副臂、桅杆、超起桅杆、前后撑杆、配重和超起配重等三维图形模型，然后根据履带起重机不同的作业方式，从后台数据库中调用起重机相应的性能参数计算起重机各部件的位置姿态，系统再根据这些位置姿态信息将它们装配成一台完整的起重机模型，并显示出来。超起塔式副臂作业方式下履带起重机三维实体模型如图 3.4 所示。

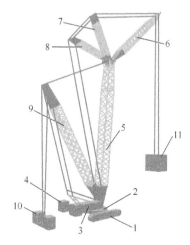

1. 履带；2. 回转支承；3. 转台；4. 固定配重；
5. 主臂；6. 塔式副臂；7. 前撑杆；8. 后撑杆；
9. 超起桅杆；10. 超起配重；11. 重物

图 3.4 超起塔式副臂作业方式下履带起重机三维实体模型

3.5 单机吊装过程三维仿真系统总体框架

仿真系统的总体目标是创建一个交互式的、能够三维动态而逼真地显示履带起重机在各种作业方式下进行作业的空间虚拟环境。系统由数学模型计算系统、三维图形建模系统、交互式人机接口、仿真系统总控制台、运算控制系统、实时动态显示系统、系统数据接口、后台数据库等主要部分组成，其总体框架如图 3.5 所示。

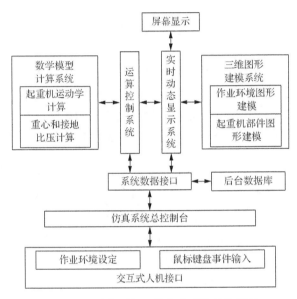

图 3.5 履带起重机三维仿真系统总体框架

仿真系统的子系统构成和主要功能如下：

（1）数学模型计算系统。该系统包括起重机运动学计算和起重机整机重心及履带接地比压计算等主要部分。起重机运动学计算的工作过程是每隔一定的时间步长利用响应键盘鼠标生成的运动数据计算下一时刻起重机各部件模型的空间位置姿态。起重机重心和接地比压计算是利用后台数据库中起重机各部件重心参数信息以及实时动态显示系统中提供的当前位置姿态信息，根据相应的算法计算出当前起重机的重心位置和履带的接地比压值。

（2）三维图形建模系统。该系统负责建立起重机作业环境下各种图形模型，包括一个逼真的起重机作业的虚拟环境、具有真实感的起重机三维模型和重物的三维模型。三维图形建模系统采用了层级结构和面向对象的建模方法，先建立起重机每个部件的模型，然后根据它们之间的几何位置姿态关系装配成起重机整机。

（3）交互式人机接口。它负责设置虚拟作业环境和键盘来控制起重机。它可以对作业环境、起重机的各种参数进行修改，同时还可以控制起重机当前作业信息的显示。

（4）仿真系统总控制台。它负责接收交互人机接口的各种输入信息、生成各种指令控制各个模块正常运行并协调各模块的数据交换。

（5）运算控制系统。它负责对数学计算系统以及与数学计算系统进行数据交换的其他子系统的控制。它把从系统数据接口送来的计算数据传送到计算子系统并对其进行控制，并且可以把计算的结果数据送给实时动态显示系统，为实时动态三维仿真提供正确可靠的运动参数。

（6）实时动态显示系统。它负责系统场景的三维动画的实时显示控制，根据运算控制模块送来的运动学计算结果实时动态地更新起重机各部件的位置姿态，逼真地模拟起重机的动作。此外它还负责当前作业信息、重心位置和接地比压的显示控制。

（7）系统数据接口。它为系统内部数据的安全传输提供流畅的通路，并确保数据流通中的正确性。

（8）后台数据库。它用于存储和管理起重机各种参数信息，包括起重机各部件的外形尺寸参数、起重机吊载的性能参数以及起重机各部件的重心位置参数等，为前台的仿真提供真实可靠的数据。

3.6　单机仿真案例分析

假设用户的工况要求为：起升高度 50m，幅度 30m，起重量 80t，机型为QUY350。根据工况通过仿真系统生成一组满足工况要求的吊装方案，如图 3.6 所示。

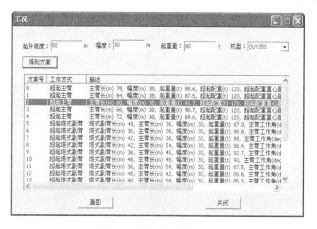

图 3.6　吊装方案的生成

　　吊装方案生成以后就可以从中选择一种方案进行三维图形建模并进行各种起重机动作的演示。比如，选择图 3.6 中的 2 号方案：超起主臂作业方式，机型 QUY350，主臂长 30m，幅度 30m，额定起重量 91.7t，超起配重 120t，超起配重重心距离 15m。此方案建立的三维图形模型如图 3.7 所示。

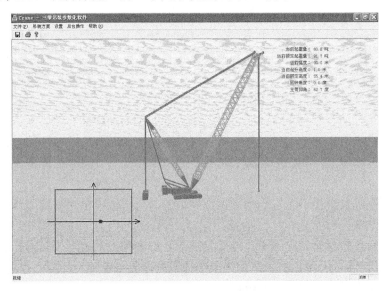

图 3.7　吊装方案的三维图形模型

设定重物后起重机的各种动作演示效果如图 3.8 所示。

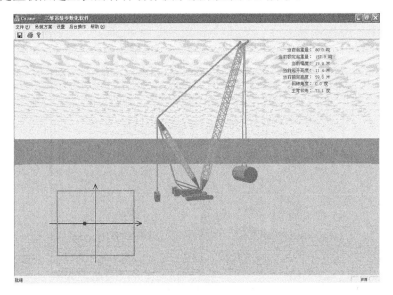

（a）变幅

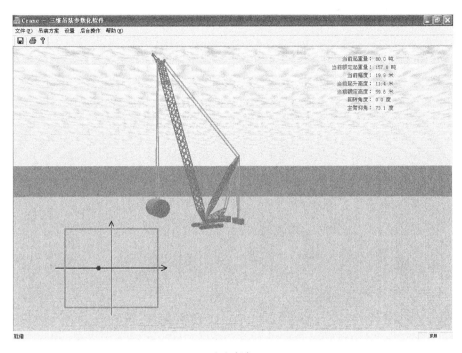

（b）行走

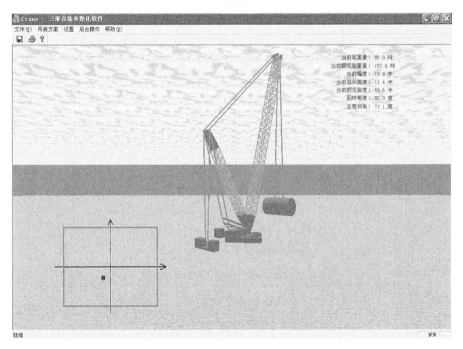

（c）回转

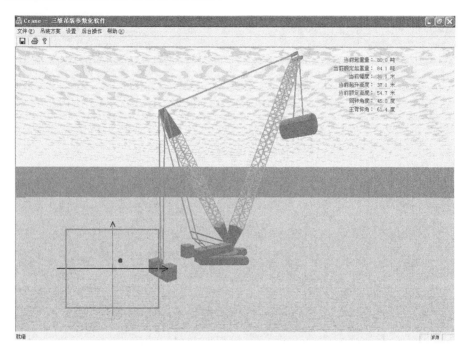

（d）起升

图 3.8　起重机动作演示效果

吊装方案的主臂仰角为 62.7°，左右履带两端 [即式（3.9）、式（3.10）中的 $x=-L/2$ 和 $x=L/2$ 处] 的接地比压随回转角变化（0～360°）而变化，其接地比压曲线如图 3.9 所示。

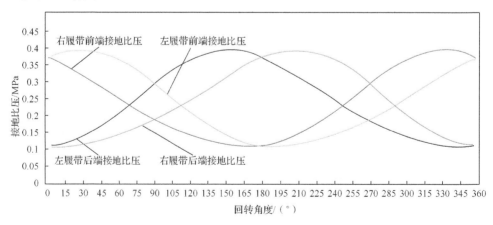

图 3.9　履带两端接地比压曲线

从图 3.9 中可以看出，在 0～360° 的变化中，左右履带的接地比压是对称的，履带两端的接地比压也是对称的，并且它们在不同的回转角有相同的最大最小值，最小值为 0.11MPa，最大值为 0.393MPa。在评价吊装方案时，最大接地比压值将被作为一项重要评价指标来考虑。

3.7 小   结

本章针对履带起重机吊装方案的演示，给出了基于 OpenGL 的面向吊装方案演示的履带起重机系统的三维实体仿真系统设计。首先构建了履带起重机三种作业工况的数学模型，并给出了单机吊装过程三维仿真系统的总体框架，然后阐述了履带起重机的运动关联及运动过程仿真，接着详细阐述了履带起重机整机中心和接地比压的计算方法。最后为了验证该系统的可用性，通过一个简单的案例，展示了起重机选型、吊装仿真和整机重心及接地比压计算等功能。结果显示该系统能够辅助施工人员进行吊装方案的制订。

参 考 文 献

[1] 陈纯杰. 基于 VRML 的起重机仿真系统的研究及实现[D]. 武汉: 武汉理工大学, 2006.

[2] 周芳芳, 樊晓平, 叶榛. D-H 参数表生成三维机器人模型仿真系统[J]. 系统仿真学报, 2006, 18(4): 947-950.

[3] 李晓燕, 张翔, 陈立伟. 基于 VC6.0 和 OpenGL 机械手三维仿真演示系统[J]. 计算机工程与设计, 2004, 25(6): 982-984, 987.

[4] Wu N X, Sun Q H, Yu D L, et al. Kinematics simulation and application for machine tool based on multi-body system theory[J]. Journal of Southeast University, 2004, 20(2): 162-164.

[5] 徐益, 颜文俊, 诸静. 机器人三维图形仿真的实现[J]. 计算机仿真, 2003(7): 72-75.

[6] 吴芝亮, 章青. 浮式起重船吊装过程的计算机仿真[J]. 中国海上油气(工程), 2002, 14(5): 56-59.

[7] 李刚俊, 陈永. 机器人的三维运动仿真[J]. 西南交通大学学报, 2002, 37(3): 273-276.

[8] 牟世刚, 许宝斌. 基于 OpenGL 的机械手三维可视化仿真研究[J]. 机械工程与自动化, 2001(6): 26-28.

[9] Li M, Jiang C S, Ye W Q, et al. Study on intelligent control and 3D real-time distributed animation simulation for super-maneuver attack of the new generation fighter[J]. Chinese Journal of Aeronautics, 2001(4): 235-244.

[10] 李芃, 刘胜. 基于 OpenGL 的船载特种起重机仿真系统设计[J]. 自动化技术与应用, 2006(7): 47-49.

[11] 张杰, 张锐, 杜岩, 等. 一种船载特种起重机作业仿真培训系统[J]. 系统仿真学报, 2002(7): 912-914.

[12] 张杰, 邹继刚, 张锐, 等. 一种基于虚拟现实的舰载特种起重机仿真系统[J]. 计算机工程与应用, 2002(16): 174-175.

[13] 王海洋, 高钦和, 龙勇, 等. 基于 OpenGL 的多级油缸起竖系统仿真研究[J]. 系统仿真学报, 2006(S2): 540-542.

4

典型协同吊装工况的双机系统建模研究

吊装仿真是一种交互式的吊装过程规划手段，具有直观的特点。本章和第 5 章研究双机协同吊装仿真，本章主要针对典型双机协同吊装研究双机系统模型及其基本动作，并给出一种简单易用的双机吊装仿真流程。

4.1 概　　述

在大型吊装工程中超重型、大跨度的被吊物越来越常见，常常因起重机起重量不足、被吊物跨度太大、吊装时需要对设备进行回转或翻转动作等问题，使得单台起重机难以完成吊装任务。在此情况下，不得不采用双机（一台主起重机、一台辅助起重机）相互协作进行吊装才能更好地完成吊装任务。但与单台起重机吊装相比，两台起重机协同吊装的危险性大大增加，稍微相互协作不当就会导致两台起重机协同吊装发生碰撞、倾翻、臂架断裂、人员伤亡等灾难性后果。

三维仿真是一种识别实际吊装中潜在危险的低成本而有效的方法，方案设计人员通过仿真可以全方位查看吊装过程，尽早发现干涉、超载等问题，据此可直观、方便地设计双机吊装过程。为此，国内外学者对双机吊装仿真进行了深入的研究，提出了基于智能体[1]、运动学[2-4]、物理引擎[5-7]等双机吊装仿真方法，这些方法可通过自由地控制两台虚拟起重机的动作，完成对双机吊装过程的预演及相应关键参数的显示，以提高吊装的安全性。

然而，现有的双机吊装仿真方法难以模拟典型的双机协同吊装。由于被吊物重且两台起重机通过被吊物相连，双机间相互作用敏感，因此在现实的双机吊装中，为了降低吊装的风险，两台起重机通常并不是随意动作，而是按某种容易操作的协同模式进行动作，使被吊物沿期望的轨迹被安全搬运到安装的位置，我们称这种吊装为典型的双机协同吊装。这些协同模式是吊装工程师日积月累的经验总结，经过实践验证而被广泛应用于现实吊装中。由于在这种被吊物期望轨迹给定的双机吊装过程中，两台起重机分别需要做什么样的动作才能使得被吊物沿既定轨迹运动难以直观地确定，所以采用现有的双机吊装仿真方法只能小心翼翼地、不断试凑地控制双机的协同动作使得被吊物达到期望的位姿，同时需要确保两起升绳在允许的角度范围之内避免产生过大的侧向载荷，所以现有方法难以模拟此类双机吊装过程。

为此，本章深入研究两台起重机之间的协同策略，建立双机系统模型，研究双机系统的基本动作，并给出一种基于空间几何约束的双机协同吊装仿真方法，该方法易于操控，能准确模拟典型工况下的双机协同吊装过程。

4.2 双机系统模型及其吊装状态表示

4.2.1 双机系统模型

吊装中的两台起重机和被吊物可看作一个复杂系统。现有的研究通常将每台起重机、被吊物单独看待，分别研究其动作及它们之间的关系。而在此我们将吊装工作过程中两台相对独立的履带起重机（下车、转台、臂架、起升绳）和被吊物所组成的系统看作是一个整体，作为系统一部分的被吊物与起重机间由柔性的起升绳连接。这是一个由地面、起重机及移动态的被吊物所构成的一个单闭环刚柔耦合的复杂机械系统，称之为双机系统，如图 4.1 所示。在系统的某一瞬间，其中一台起重机以微小的步长执行某个单机动作（行走、转弯、回转、变幅或起升），而同时另一台起重机需要选择某个单机动作进行相应的配合，并确保起重机所承受的载荷在各自的能力范围之内，以最终安全地将被吊物从期望轨迹的某个状态搬运到轨迹的下一个状态。

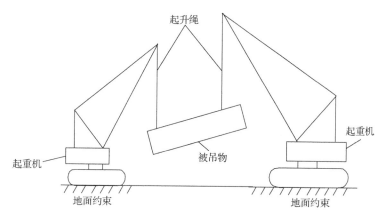

图 4.1 双机系统模型

因而，双机吊装过程可看作双机系统的自身运动过程。从系统、宏观的角度看，被吊物的运动是一种由作为该复杂系统驱动机构的两台起重机共同驱动而形成的系统内部运动，而整个双机协同吊装过程则是该复杂系统的自身运动过程。这也就是说，可以采用复杂系统的运动来描述双机的协同吊装。而一个系统的运动通常是通过其基本动作的有机组合加以实现的，比如一辆汽车通过其直行和左右转向的基本动作实现其行驶运动；而一台履带式起重机通过其直行、转向、回转、变幅、起升等基本动作实现其单机吊装。因此，只要我们给该复杂系统定义一些符合协同吊装的基本动作，双机协同吊装过程便可由这些基本动作的有机组合实现。

4.2.2　双机系统吊装状态表示

吊装状态是研究吊装协同动作及仿真的基础，本小节介绍双机系统吊装状态的表示。首先对双机系统做如下的假设和简化：

（1）假设起重机各部件为刚体，吊装过程中不发生变形；

（2）因起升绳的偏摆对起重机的影响比我们所想象的要严重得多[8]，假设两台起重机的起升绳在吊装过程始终竖直。

双机协同吊装过程中任意时刻双机系统的状态可用元组 $(x_1, y_1, z_1, \alpha_1, \beta_1, \gamma_1, h_1, x_2, y_2, z_2, \alpha_2, \beta_2, \gamma_2, h_2, x_3, y_3, z_3, \alpha_3, \gamma_3, h_3)$ 表示，该元组又称为双机系统的位形，各变量的含义如图 4.2 所示，其中，(x_1, y_1, z_1) 表示主动起重机的回转中心的坐标；α_1 表示主动起重机的履带方向与 X 轴正向的夹角，范围为 $(-180°, 180°)$；β_1 表示主动

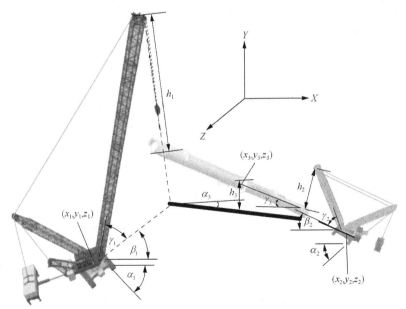

图 4.2　双机系统位形

起重机的上车方向与 X 轴正向的夹角，范围为 $(-180°, 180°)$；γ_1 表示主动起重机的臂架仰角，范围为 $(0, 90°)$；h_1 表示主动起重机的主臂滑轮组到两主吊中点的距离；(x_2, y_2, z_2) 表示随动起重机的回转中心的坐标；α_2 表示随动起重机的履带方向与 X 轴正向的夹角，范围为 $(-180°, 180°)$；β_2 表示随动起重机的上车方向与 X 轴正向的夹角，范围为 $(-180°, 180°)$；γ_2 表示随动起重机的臂架仰角，范围为 $(0, 90°)$；h_2 表示随动起重机的主臂滑轮组到溜尾吊点的距离；(x_3, y_3, z_3) 表示设备的坐标，位于两主吊点中心处；α_3 表示设备与 X 轴正向的夹角，范围为 $(-180°, 180°)$；γ_3 表示设备的仰角，范围为 $(-90°, 90°)$；h_3 表示设备距离地面的高度，范围是从吊装时的最低点到溜尾起重机的限位高度。

4.3 双机协同吊装仿真流程设计

基于以上对双机协同吊装的理解，只要能采用一种合适的形式表达这些基本动作，根据当前状态及所应用的基本动作计算出双机协同动作执行后的双机状态，然后可视化出来便可实现双机协同吊装仿真。据此，我们从系统、宏观的角度设计了一个双机系统协同吊装仿真的一般流程，如图 4.3 所示。该仿真流程主要分为双机系统的初始化、吊装过程动作序列设置、双机系统吊装状态序列生成、双机系统吊装状态序列可视化四大环节。首先，加载起重机、被吊物、吊索具及吊装环境三维模型，并根据设置的起吊状态信息（通过起重机站位设计获得）构建双机系统三维模型；其次，用户根据期望的被吊物运动轨迹选用合适的双机系统基本动作对吊装过程进行编排，构建双机系统动作序列以描述吊装过程，这相当于将整个双机协同吊装过程细分成可以采用双机系统基本动作描述的局部过程，需要指出的是该环节需要人参与，属于人机交互内容；然后，根据动作所对应的表达（几何约束）将动作序列转化为可用于可视化的双机系统状态序列，相当于对吊装过程离散化；最后，按时间顺序逐一可视化状态序列中的每个状态，从而实现吊装过程模拟。

吊装仿真流程中吊装过程动作序列设置和双机系统吊装状态序列生成是核心部分，其中的双机系统基本动作及其对应的几何约束需要事先定义好，并构建双机系统的动作集。4.4 节将介绍双机系统基本动作的数学描述，4.5 节将以几个典型的双机协同为例介绍双机系统基本动作的具体表达及动作集的构建。

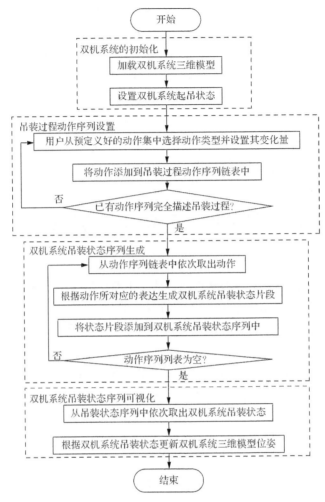

图 4.3 双机系统协同吊装仿真流程

4.4 基于空间几何约束的双机系统基本动作描述

4.4.1 双机吊装协同策略分析

从以上分析可知，要实现或描述双机协同吊装过程，关键在于定义符合协同吊装的双机系统基本动作。实际上就是要求这些基本动作在起重机不超载的前提下同时满足两台起重机自身运动学约束和双机系统的空间几何约束。其中，起重机自身运动学约束指的是涉及起重机部分的运动要符合原来单机所具有的运动规律，比如履带起重机差速行走；而双机系统的空间几何约束指的是运动过程的任何时候双机系统均保持一个封闭环路的结构（一台起重机、被吊物、另一台起重机、地面首尾相接所形成的单闭环，见图 4.1），同时要求其中的两根起升绳时刻保持竖直。

为了双机系统的基本动作能很好地满足这两个约束，有必要从另一个系统视角重新认识双机系统的运动。一个机械系统运动的目的是改变系统的状态，而对于我们所研究的双机系统，其运动实质上是改变双机系统的位置或构型姿态，也就是说系统的运动只关注状态变化（位置和构型姿态变化）的结果。从这个角度来看，双机系统中并不存在驱动机构和被动机构，即一个部件在某个系统状态变化中是驱动机构，而在另一个某个系统状态变化中可能变成被动机构，甚至在同一个系统状态变化中，该部件既可以作为驱动机构又可以作为被动机构，对系统来说，只要通过相应的操作能实现预期的状态变化即为有效的动作。也就是说，一个系统状态的变化可对应多个不同的动作，比如两台起重机将被吊物从一个高度提升到另一个高度，对于这样一个双机系统构型姿态的变化，我们既可以认为两台起重机作为驱动机构主动地通过起升将被吊物抬起，又可以认为被吊物具有自主竖直平移的能力将自己从一个高度移动到另一个高度，而两台起重机为了保持吊钩依然连接到被吊物上而被动地收绳。这种认识为我们定义双机系统基本动作提供了一个全新的视角。有了此新视角，在定义双机系统基本动作的时候，便可根据此基本动作的特点选择合适的部件作为驱动机构，进而根据此驱动机构的变化量在起重机自身运动学约束和双机系统空间几何约束下表达其他被动机构的运动。

在实际双机吊装工程中，吊装工程师经过长期的积累，总结了许多典型的双机协同模式以实现被吊物沿期望轨迹运动。经过我们深入分析，这些协同模式除了满足以上所提到的空间几何约束外，同时还蕴含着某种"特定"的几何约束。因此，对于工程应用来说，可以把这些协同模式定义为双机的基本动作。由此便可通过"特定"的几何约束关系建立基本动作到双机系统状态的映射，实现基本动作的表达。特别要提到的是，在设计双机系统基本动作的时候，为了更容易地实现被吊物准确地沿期望轨迹运动，优先考虑被吊物和起重机下车作为驱动机构，其他被动机构的运动则通过空间几何约束采用驱动机构的变化量表示。采用这种方法可巧妙地将起重机起身的运动学约束和空间几何约束有机融合在一起。

4.4.2　双机系统基本动作描述

为了实现双机系统协同吊装流程中基本动作到双机系统状态的转化并进行可视化，需要对双机系统基本动作进行数学描述。

从上面的分析可知，双机系统状态的变化便是双机系统的运动，为此，在给出双机系统吊装状态表示基础上，双机系统的基本动作可以采用如式（4.1）进行形式化描述。

$$CS^{t+1} = f(u, CS^t) \tag{4.1}$$

式中，CS^t、CS^{t+1} 分别表示双机系统在 t 时刻和 $t+1$ 时刻的双机系统的吊装状态，即 $CS^i \left(x_1^i, y_1^i, z_1^i, \alpha_1^i, \beta_1^i, \gamma_1^i, h_1^i, x_2^i, y_2^i, z_2^i, \alpha_2^i, \beta_2^i, \gamma_2^i, h_2^i, x_3^i, y_3^i, z_3^i, \alpha_3^i, \gamma_3^i, h_3^i \right)$，$i \in \{t, \ t+1\}$；$u$ 表示双机系统从 t 时刻过渡到 $t+1$ 时刻所应用的动作及其变化量，为一个向量；f 表示动作所对应的空间几何约束函数。

于是双机系统基本动作定义转化为确定几何约束函数 f 的表达式及具体的 u 向量，这样便可根据 t 时刻吊装状态 CS^t 求出 $t+1$ 时刻吊装状态 CS^{t+1} 的值。

4.5 双机系统基本动作集构建

本节将展示如何依据典型的双机协同为双机系统定义基本动作，从而构建动作集。在现实的吊装中，尤其是石油化工建设的吊装，经常需要采用两台起重机将塔类被吊物翻转竖立，然后再采用其中一台起重机（主起重机）将其安装到基座或框架中。其中，为了顺利完成被吊物的翻转竖立，两台起重机需要精细的协同，经过常年现场经验积累，吊装工程师已总结出许多经典的协同策略。比如，两台起重机采用同步升钩或落钩操作实现被吊物的竖直升降，两台起重机同时采用回转、变幅操作实现被吊物的水平横向平移，等等。从这些协同策略的描述中可以看出，被吊物的运动轨迹能直观地预见到，更重要的是每种协同策略都有着某种特殊而清晰的空间几何约束。下面根据实际吊装的部分典型双机协同策略定义起升、横向平移、尾随走、尾随止、主旋转五个双机系统基本动作，详细介绍每个基本动作的几何约束函数 f 及动作输入向量 u 的确定过程。

4.5.1 起升动作

我们将两台起重机采用同步升钩或落钩操作实现被吊物的竖直升降的协同策略定义为双机系统的起升，常在被吊物卸车时或被吊物空中翻转竖立之前使用，该动作的示意图见图 4.4。

在该动作中，双机系统状态的各变量中只有两台起重机起升绳长度及被吊物离地高度发生了变化，为此，我们选择被吊物的离地高度作为此动作的主动变量，即被吊物离地高度的变化引起两台起重机起升绳长度的改变。也就是选择被吊物的竖直升降作为双机系统的驱动，驱动两起升绳收放。在此，被吊物的移动量设为 Δh，因此，动作输入向量 $u = [\Delta h]$，而几何约束函数 f 表达为

$$\begin{cases} h_2^{t+1} = h_2^t - \Delta h \\ h_1^{t+1} = h_1^t - \Delta h \\ h_3^{t+1} = h_3^t + \Delta h \\ \text{CS}^{t+1}\text{的其他分量} = \text{CS}^t\text{对应的分量} \end{cases} \tag{4.2}$$

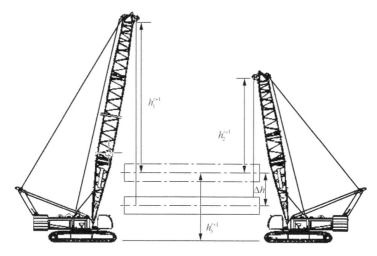

图 4.4　双机系统起升示意图

4.5.2　横向平移动作

在实际双机吊装中，经常需要两台起重机通过回转、变幅、起升协同操作将被吊物在空中平移放置到钢架结构或混凝土基础上，为此，我们将此协同策略定义为双机系统的横向平移动作。此横向平移动作不仅在安装时用到，在卸车、设备拆卸时都可能会用此动作。

该动作会引起被吊物位置的 x 和 z 值变化，同时两台起重机的回转角、臂架仰角、起升绳长度均可能发生变化。为便于描述被吊物的运动轨迹，在该动作中，选择双机状态中的被吊物位置的 x 和 z 分量作为主动变量，变化量分别设为 Δx_3、Δz_3，故此动作输入向量 $u = [\Delta x_3, \Delta z_3]^{\mathrm{T}}$。由于双机系统满足闭环的空间几何约束，因此每台起重机在 $t+1$ 时刻的回转角、臂架仰角及起升绳长度可根据以下过程求得：先通过 Δx_3、Δz_3 确定被吊物的位置，这也就确定了两个吊点的坐标，根据起重机的位置及吊点的坐标便可求得起重机的回转角，进而可确定臂架的仰角，最终可求得起升绳长度。几何约束函数 f 最终可表达为

$$
\begin{cases}
x_3^{t+1} = x_3^t + \Delta x_3 \\
z_3^{t+1} = z_3^t + \Delta z_3 \\
\beta_1^{t+1} = \arctan\left(\left(-\left(z_3^{t+1} - 0.5L_3\sin\alpha_3^t\right) + z_1^t\right) \Big/ \left(\left(x_3^{t+1} - 0.5L_3\cos\alpha_3^t\right) - x_1^t\right)\right) \\
\gamma_1^{t+1} = \arccos\left(\left(R_1^{t+1} - x_1^{\text{offset}}\right) \big/ L_1\right) \\
h_1^{t+1} = y_1^{\text{offset}} + L_1\sin\gamma_1^{t+1} - y_3^{t+1} \\
\beta_2^{t+1} = \arctan\left(\left(-\left(z_3^{t+1} - 0.5L_3\sin\alpha_3^t\right) + z_2^t\right) \Big/ \left(\left(x_3^{t+1} - 0.5L_3\cos\alpha_3^t\right) - x_2^t\right)\right) \\
\gamma_2^{t+1} = \arccos\left(\left(R_2^{t+1} - x_2^{\text{offset}}\right) \big/ L_2\right) \\
h_2^{t+1} = y_2^{\text{offset}} + L_2\sin\gamma_2^{t+1} - y_3^{t+1} \\
\text{CS}^{t+1}\text{的其他分量} = \text{CS}^t\text{对应的分量}
\end{cases}
\tag{4.3}
$$

式中，L_1、L_2 分别为主起重机和溜尾起重机的臂长；x_1^{offset}、x_2^{offset} 分别为主起重机和溜尾起重机主臂铰点相对回转中心的纵向偏移量；y_1^{offset}、y_2^{offset} 分别为主起重机和溜尾起重机主臂铰点相对回转中心竖直方向上的偏移量；L_3 为被吊物两吊点间距离；R_1^{t+1}、R_2^{t+1} 分别为主起重机和溜尾起重机在 $t+1$ 时刻的作业半径，具体如下：

$$
R_1^{t+1} = \sqrt{\left(\left(x_3^{t+1} - 0.5L_3\cos\alpha_3^t\right) - x_1^t\right)^2 + \left(-\left(z_3^{t+1} - 0.5L_3\sin\alpha_3^t\right) + z_1^t\right)^2}
$$

$$
R_2^{t+1} = \sqrt{\left(\left(x_3^{t+1} + 0.5L_3\cos\alpha_3^t\right) - x_2^t\right)^2 + \left(-\left(z_3^{t+1} + 0.5L_3\sin\alpha_3^t\right) + z_1^t\right)^2}
$$

4.5.3 尾随走动作

实现被吊物翻转竖立有多种协同策略，其中最为常见的是：主起重机吊住被吊物的顶部，缓慢起升将被吊物提起，而溜尾起重机吊着被吊物的底端保持溜尾吊点离地高度不变，通过沿着被吊物投影的方向行走，配合主起重机将被吊物往前送。本章将此协同策略定义为双机系统的尾随走动作，其示意图见图4.5。

该动作通过溜尾起重机行走往前送实现被吊物在其所在竖直平面内翻转竖立，通常要求溜尾起重机是可以带载行走的履带起重机，并且履带方向与设备轴线方向一致。该动作引起被吊物位姿、主起重机起升绳长度、溜尾起重机位置发生变化，在此，将其中的主起重机起升绳长度作为本动作的主动变量，设其变化量为 Δh_1，故得此动作输入向量 $u = [\Delta h_1]$。根据双机系统的空间几何约束，双机系统状态其他变化的分量可通过以下过程确定：首先通过主起重机收绳量 Δh_1 可求得主吊点坐标，由于溜尾吊点离地高度保持不变，可通过被吊物长度求得被吊物仰角，进而确定被吊物的位置，最后通过溜尾吊点位置可确定溜尾起重机的位置。据此，此动作对应的几何约束函数 f 具体表达式为

$$
\begin{cases}
h_1^{t+1} = h_1^t + \Delta h_1 \\
x_2^{t+1} = x_2^t - \Delta d \cos \alpha_3^t \\
z_2^{t+1} = z_2^t + \Delta d \sin \alpha_3^t \\
\beta_3^{t+1} = \arcsin\left(\left(L_3 \sin \beta_3^t - \Delta h_1\right)/L_3\right) \\
x_3^{t+1} = x_3^t - \Delta d \cos \alpha_3^t \\
z_3^{t+1} = z_3^t + \Delta d \sin \alpha_3^t \\
y_3^{t+1} = y_3^t + 0.5 L_3\left(\sin \beta_3^{t+1} - \sin \beta_3^t\right) \\
\text{CS}^{t+1}\text{的其他分量} = \text{CS}^t\text{对应的分量}
\end{cases}
\tag{4.4}
$$

式中，L_3 为被吊物两吊点间距离；Δd 为被吊物翻转后溜尾吊点沿被吊物轴线方向的变化量，具体如下：

$$
\Delta d = L_3\left(\cos \beta_3^t - \cos \beta_3^{t+1}\right)
$$

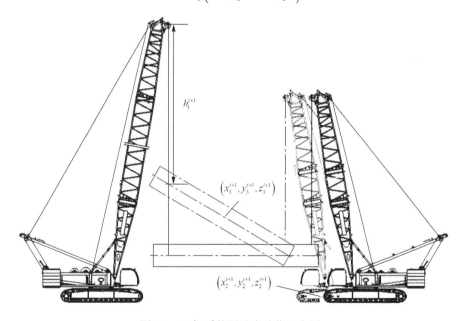

图 4.5 双机系统尾随走动作示意图

4.5.4 尾随止动作

以上尾随走动作可以容易地实现被吊物的翻转竖立，但其要求溜尾起重机具

有行走功能，可是在实际的吊装中，溜尾起重机完全有可能是不可带载行走的伸缩臂汽车起重机。为完成被吊物的翻转竖立，主起重机在起升的同时，作为溜尾的汽车起重机可以通过其回转、变幅及起升动作配合主起重机将被吊物往前送，这也是一种极其典型的双机协同策略，本章将此协同策略定义为双机系统的尾随止动作。其实，即便溜尾起重机为履带起重机，这种协同策略也会被广泛使用，因为这时溜尾起重机无须行走，既可以少进行地基处理，降低吊装成本，又可避免起重机行走所带来的动载，提高了吊装安全性。该动作会引起被吊物位姿、主起重机起升绳长度以及溜尾起重机回转角、臂架仰角、起升绳长度变化，我们还是以主起重机起升绳长度为主动变量，变化量同样设为 Δh_1，故得此动作输入向量 $u=[\Delta h_1]$。在该动作中，双机系统状态其他变化的分量的求解过程与尾随走动作的计算过程类似，不同的是通过溜尾吊点位置求解的是溜尾起重机的回转角、臂架仰角、起升绳长度，而不是起重机的位置。依据双机系统的几何约束，可确定几何约束函数 f 的具体表达式，如下：

$$\begin{cases} h_1^{t+1} = h_1^t + \Delta h_1 \\ \beta_3^{t+1} = \arcsin\left(\left(L_3 \sin\beta_3^t - \Delta h_1\right)/L_3\right) \\ x_3^{t+1} = x_3^t - \Delta d \cos\alpha_3^t \\ z_3^{t+1} = z_3^t - \Delta d \sin\alpha_3^t \\ y_3^{t+1} = y_3^t + 0.5L_3\left(\sin\beta_3^{t+1} - \sin\beta_3^t\right) \\ \beta_2^{t+1} = \arctan\left(\left(-z_{ass} + z_2^t\right)/\left(x_{ass} - x_2^t\right)\right) \\ \gamma_2^{t+1} = \arccos\left(\left(R_2^{t+1} - x_2^{offset}\right)/L_2\right) \\ h_2^{t+1} = y_2^{offset} + L_2 \sin\gamma_2^{t+1} - y_{ass} \\ CS^{t+1}\text{的其他分量} = CS^t\text{对应的分量} \end{cases} \quad (4.5)$$

式中，L_2 为溜尾起重机的臂长；x_2^{offset} 为溜尾起重机主臂铰点相对回转中心的纵向偏移量；y_2^{offset} 为溜尾起重机主臂铰点相对回转中心竖直方向上的偏移量；L_3 为被吊物两吊点间距离；R_2^{t+1} 为溜尾起重机在 $t+1$ 时刻的作业半径；Δd 为被吊物翻转后溜尾吊点沿被吊物轴线方向的变化量；$(x_{ass}, y_{ass}, z_{ass})$ 为溜尾吊点的坐标。R_2^{t+1}、Δd、$(x_{ass}, y_{ass}, z_{ass})$ 具体值如下：

$$R_2^{t+1} = \sqrt{\left(\left(x_3^{t+1} + 0.5L_3\cos\alpha_3^t\right) - x_2^t\right)^2 + \left(-\left(z_3^{t+1} + 0.5L_3\sin\alpha_3^t\right) + z_1^t\right)^2}$$

$$\Delta d = L_3\left(\cos\beta_3^t - \cos\beta_3^{t+1}\right)$$

$$\begin{cases} x_{\text{ass}} = x_3^{t+1} + \left(0.5L_3 \cos \beta_3^{t+1}\right)\cos \alpha_3^t \\ y_{\text{ass}} = y_3^{t+1} + 0.5L_3 \sin \beta_3^{t+1} \\ z_{\text{ass}} = z_3^{t+1} + \left(0.5L_3 \cos \beta_3^{t+1}\right)\sin \alpha_3^t \end{cases}$$

4.5.5 主旋转动作

在实际吊装中，起吊时刻被吊物方位与起重机的站位受空间限制，难以直接实现被吊物的翻转竖立操作，需要先采用溜尾起重机的回转、变幅、起升操作使被吊物绕着主起升绳旋转一定角度，以方便后续两台起重机实现被吊物的翻转竖立。本章将此被吊物旋转的双机协同策略定义为双机系统的主旋转动作，其动作示意图如图 4.6 所示。该动作会引起被吊物位置及方向角的变化，而溜尾起重机的回转角、变幅角度、起升绳长度当然也会发生变化。在此，我们选择溜尾起重机的回转角作为驱动变量，设其变化量为 $\Delta \beta_2$，故其动作输入向量 $u = [\Delta \beta_2]$。双机系统状态发生变化的分量通过以下过程求得：首先通过 $\Delta \beta_2$ 求得溜尾起重机回转角，这便确定了溜尾起重机的臂架方向，以主吊点为圆心、被吊物长度为半径画弧可容易确定溜尾吊点的位置，进而可得被吊物方向角，同时也可根据溜尾吊点位置确定溜尾起重机的变幅角度和起升绳长度。因而，可确定此动作所对应的几何约束函数 f 的具体表达式为

$$\begin{cases} \beta_2^{t+1} = \beta_2^t + \Delta \beta_2 \\ \gamma_2^{t+1} = \text{arccot}\left(\left(d \cos \theta - \sqrt{L_3^2 - d^2 \sin^2 \theta}\right)/L_2\right) \\ \alpha_3^{t+1} = \alpha_3^t + \arccos\left(\dfrac{L_3^2 + d^2 - \left(R_2^t\right)^2}{2L_3 d}\right) - \arccos\left(\dfrac{L_0^2 + d^2 - \left(R_2^{t+1}\right)^2}{2L_3 d}\right) \\ h_2^{t+1} = h_2^t + L_2\left(\sin \gamma_2^{t+1} - \sin \gamma_2^t\right) \\ \text{CS}^{t+1}\text{的其他分量} = \text{CS}^t\text{对应的分量} \end{cases} \quad (4.6)$$

式中，L_2 为溜尾起重机的臂长；L_3 为被吊物两吊点间距离；R_2^t、R_2^{t+1} 分别为溜尾起重机在 t 时刻和 $t+1$ 时刻的作业半径。R_2^t、R_2^{t+1}、d、θ 具体如下：

$$R_2^t = x_2^{\text{offset}} + L_2 \sin \gamma_2^t$$
$$R_2^{t+1} = x_2^{\text{offset}} + L_2 \sin \gamma_2^{t+1}$$
$$d = \sqrt{\left(x_2^t - x_1^t\right)^2 + \left(y_2^t - y_1^t\right)^2 + \left(z_2^t - z_1^t\right)^2}$$

$$\theta = \arccos\left(\frac{\left(R_2^t\right)^2 + d^2}{L_3^2}\right) - \Delta\beta_2$$

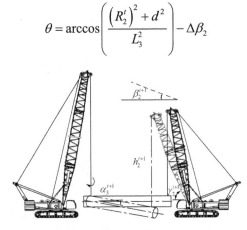

图 4.6　双机系统主旋转动作示意图

4.6　广西北海炼油异地改造项目丙烯塔吊装案例

为了验证本章所提出的基于空间几何约束的双机协同吊装仿真方法的可用性和有效性，在此应用石化建设中一个实际吊装案例展示此双机吊装仿真方法的实现效果。此案例是 2010 年广西北海炼油异地改造项目中一个丙烯塔的吊装，丙烯塔净重为 500t，长为 84m，直径为 4.4m，由于场地限制，吊装前丙烯塔放置的位置如图 4.7 所示，本次吊装任务是使用两台起重机将丙烯塔翻转竖立，最后利用主起重机独自将丙烯塔安装就位。在此，我们选择 CC8800 履带起重机作为本次吊装的主起重机，选择 LR1400-2 履带起重机作为溜尾起重机，两台起重机的初始站位见图 4.7，其中网格区域已进行过地基处理，起重机能在这些区域带载行走。值得一提的是，本案例仅关注双机协同吊装部分。

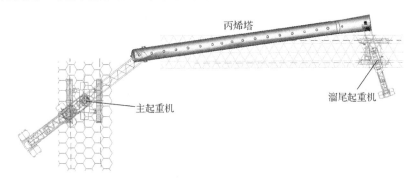

图 4.7　双机系统起吊站位布局图

从双机的站位图可以看出，溜尾起重机臂架方向与履带正向有着较大的锐角（60°），若溜尾起重机直接行走将丙烯塔往前送完成翻转竖立，吊装风险将会很大：①侧向吊装过程中会因设备的动载对溜尾臂架产生强烈的侧向力，降低机身的倾覆稳定性；②驾驶员的操作方便性大大降低，误操作的概率增加。对于以上的吊装，溜尾起重机应该首先采用回转操作将丙烯塔旋转到其履带的正前方，然后主起重机起升同时溜尾起重机行走跟随，最终将丙烯塔翻转竖立。对此吊装过程，可以容易地采用本章的基于空间几何约束的双机协同吊装模型中的基本动作进行描述和仿真，基于双机系统基本动作的吊装过程如下：①双机系统起升 1m；②双机系统主旋转 60°；③双机系统尾随走 89m。

接下来，将应用已实现的基于空间几何约束的双机协同吊装模型对此吊装过程进行模拟，仿真画面与实际吊装图片的对照如图 4.8～图 4.10 所示。

（a）实际吊装图片　　　　　　　　　　　（b）吊装仿真截图

图 4.8　起吊时刻双机系统吊装状态

（a）实际吊装图片　　　　　　　　　　　（b）吊装仿真截图

图 4.9　被吊物翻转过程中双机系统吊装状态

（a）实际吊装图片　　　　　　　　　　（b）吊装仿真截图

图 4.10　被吊物翻转竖立完成时刻双机系统吊装状态

通过此案例可以看出，采用双机系统的基本动作可以容易地描述绝大多数典型的双机协同吊装过程，而且仅用很少的几个基本动作即可。在此基础上，应用所提出的双机协同吊装仿真方法可以非常方便地将吊装过程模拟出来，并且是让被吊物沿着期望的轨迹运动。因此，基于空间几何约束的双机协同吊装仿真方法是可用、有效的，在实际吊装之前采用此仿真方法进行吊装过程模拟辅助吊装方案制订，最后 2011 年 1 月 6 日顺利完成实际吊装，这也从另一个方面验证了这一点。

4.7　小　　结

针对被吊物期望轨迹给定的双机吊装仿真问题，本章深入研究了双机之间的协同，建立双机系统模型，给出了基本动作的描述与表达，设计了面向典型工况的双机协同吊装仿真流程，通过实际案例验证了该仿真方法是可用、有效的。本章主要介绍了以下内容：①将两台起重机和被吊物看成一个完整的复杂系统，从系统、宏观的角度揭示了双机协同的内在本质，基于此认识可发展出更多的协同策略，同时也为双机协同吊装的其他研究提供了一个崭新的视角；②采用空间几何约束表达双机系统的基本动作，应用这些基本动作可容易地描述绝大多数典型的被吊物期望轨迹给定的双机吊装过程。需要特别指出的是，本章所给出的双机协同吊装仿真流程主要是针对常见、典型的吊装工况，对于一些特殊的吊装工况（包含原流程所没有的协同策略），则需要往流程中增加新的基本动作才能完成特殊吊装工况的吊装仿真。此外，由于存在一些协同策略难以用确定的空间几何约束描述，因此，本章的双机协同吊装仿真流程可能无法模拟某些双机吊装过程。

参 考 文 献

[1] Zhang C, Hammad A. Collaborative agent-based system for multiple crane operation[C]. The 24th International Symposium on Automation & Robotics in Construction (ISARC 2007), I.I.T. Madras, India, 2007.

[2] Wang X, Wang H L, Wu D. Interactive simulation of crawler crane's lifting based on OpenGL[C]. ASME 2008 International Design Engineering Technical Conferences and Computers and Information in Engineering Conference (IDETC/CIE 2008), Brooklyn, New York, USA: ASME, 2008.

[3] Wu D, Lin Y S, Wang X, et al. Design and realization of crawler crane's lifting simulation system[C]. ASME 2008 International Design Engineering Technical Conferences and Computers and Information in Engineering Conference (IDETC/CIE 2008), Brooklyn, New York, USA: ASME, 2008.

[4] Deen Ali M S A, Babu N R, Varghese K. Collision free path planning of cooperative crane manipulators using genetic algorithm[J]. Journal of Computing in Civil Engineering. 2005, 19(2): 182-193.

[5] Chi H L, Hung W H, Kang S C. A physics based simulation for crane manipulation and cooperation[C]. Proceedings of Computing in Civil Engineering Conference, 2007.

[6] Hung W H, Kang S C. Physics-based crane model for the simulation of cooperative erections[C]. 9th International Conference on Construction Applications of Virtual Reality, Sydney, Australia, 2009.

[7] Chi H L, Kang S C. A physics-based simulation approach for cooperative erection activities[J]. Automation in Construction, 2010, 19(6): 750-761.

[8] Shapiro L K, Shapiro J P. Cranes and Derricks[M]. 4 ed. New York: McGraw-Hill, 2010.

5

双机协同吊装的正向运动学建模与仿真

上一章针对典型双机吊装工况提出了基于空间几何约束的双机协同吊装仿真方法，本章着重从静力学角度研究双机吊装中的运动，给出基于正向运动学的双机吊装仿真方法，以期可模拟任意的双机吊装过程。

5.1 概 述

上一章提出了基于空间几何约束的双机协同吊装仿真方法，该方法能容易地模拟目前吊装领域中大多数典型的双机吊装过程，并且操作便捷，为吊装方案设计者提供一个设计双机吊装过程的有效工具。然而，现实世界中的吊装环境变化多端，在某些特定的场合中，可能只有应用不常见的协同模型才能顺利完成吊装，而这样的协同模式难以用几何约束描述。在这种情形下，基于空间几何约束的双机协同吊装仿真方法就无能为力了。为此，需要研究能模拟任意双机吊装过程的通用仿真方法。现有的双机吊装仿真方法中，只有 Kang 团队提出的基于物理引擎双机吊装仿真方法[1-3]能较好地模拟任意双机吊装过程，但其存在一些局限性：待设置的物理参数多，即需要为每个刚体、每个铰设置准确的物理属性，如重量、重心、惯性矩、刚度、阻尼系数等，而这些准确参数在实际吊装工程中通常难以确定；若设置不当，难以达到预期的仿真效果。总的来说，基于物理引擎的双机吊装仿真方法，其模型过于复杂，实用性较差。此外，基于物理引擎的方法无法求得吊装过程中两台起重机所承受的载荷。

针对上述方法的不足，本章从静力学的角度进行考虑，提出一种基于正向运动学的双机吊装仿真方法，其思想是先采用最小势能原理将被吊物位姿求解问题转化为带约束的数学优化问题，然后通过数值方法求解起升绳偏摆角，最后通过起升绳偏摆角求解被吊物位姿及起升力。该方法仅需被吊物的重心相对位置及重量，便可同时求解出被吊物位姿和起升力，并且可容易地嵌入吊装仿真软件中，实现实时的双机吊装作业仿真。

5.2 基于最小势能原理的双机协同吊装正向运动学算法

吊装仿真实质上是将吊装过程中的工作状态（作业环境障碍物、起重机、被吊物的位姿）序列可视化到屏幕上，目的在于提前发现吊装过程中的碰撞风险和超载风险。因此，被吊物位姿及起升力（起升绳的拉力）的求解是双机协同吊装仿真的关键问题。

为了更好地理解被吊物位姿及起升力的求解问题，首先简要介绍双机协同吊装的构型。图 5.1 是双机协同吊装示意图。我们将此构型分为主起重机（起升绳及吊钩除外）、辅助起重机（起升绳及吊钩除外）、双机起升系统三部分。其中，双机起升系统又分为主起升和辅助起升两部分：在主起升部分中，主吊耳位于水平平面内，通过索具与平衡梁连接，平衡梁再通过索具与吊钩相连，吊钩与起升滑轮组用起升绳连接；在辅助起升部分中，被吊物的辅助吊耳方向朝上，通过索具直接与辅助起重机的吊钩连接，吊钩用起升绳与起升滑轮组连接。主起重机和辅助起重机通过行走、起升、回转、变幅等动作驱动被吊物运动，最终实现将被吊物从一个位置搬运到另一个位置。

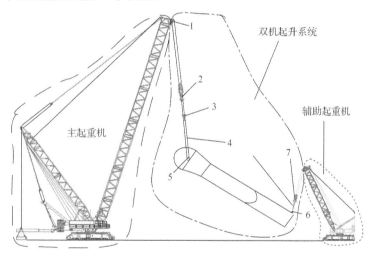

1. 主起重机起升滑轮组；2. 主起重机吊钩；3. 平衡梁；4. 索具；5. 主吊耳；6. 辅助吊耳；7. 辅助起重机吊钩

图 5.1 双机协同吊装示意图

因被吊物处于两台起重机的末端，其位姿由起重机位姿决定，故从运动学角度看，根据起重机位姿求解被吊物位姿及起升力是双机协同吊装的正向运动学问题，具体如下：

问题 5.1 **双机协同吊装正向运动学问题**：已知两台起重机的位姿、吊钩重量、平衡梁重量、各索具的长度、被吊物重量、被吊物重心及吊耳位置，求解静止稳定平衡状态下被吊物位姿和起升力。

由于根据起重机位姿可通过坐标变换唯一地确定起升滑轮组位置，因此双机协同吊装正向运动学问题等同于双机起升系统正向运动学问题。下面对双机起升系统正向运动学进行详细阐述。

5.2.1　基于最小势能原理的双机起升系统正向运动学描述

结合实际情况，做如下的简化假设：

（1）被吊物是匀质的圆柱形刚体，质心在圆柱体的轴线上。

（2）起升滑轮组与吊钩间的起升绳、吊钩与平衡梁间的索具、平衡梁与吊耳间的索具在同一条直线上，即忽略吊钩与平衡梁重量对起升滑轮组到吊耳间的索具所产生的弯曲。系统中所有的绳索很轻，其重量和拉长量忽略不计。

（3）将吊钩和平衡梁（如果有）看作一个整体，统称为吊索具，其质心在起升滑轮组与被吊物挂接点的连线上。

（4）因起重机动作缓慢，假设系统每个时刻均处于稳定的静止平衡状态，忽略被吊物从一个平衡状态变换到下一个平衡状态过程中出现的瞬间非平衡。

由于被吊物、吊钩、平衡梁仅受重力和绳子的拉力，所以当双机起升系统达到稳定的静止平衡状态时，起重机起升滑轮组、吊索具、被吊物上的挂接点必在同一竖直平面（垂直于水平面）内，因此三维空间的被吊物位姿及起升力求解可以在此平面内进行。基于以上的假设，双机起升系统可抽象成如图 5.2 所示的几何模型。

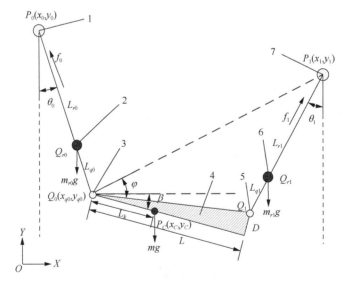

1. 起重机#0 起升滑轮组；2. 起重机#0 吊索具；3. 挂接点#0；4. 被吊物；5. 挂接点#1；
6. 起重机#1 吊索具；7. 起重机#1 起升滑轮组

图 5.2　双机协同吊装的几何模型

为了更好地描述该几何模型中的坐标及角度，在此引入一个局部坐标系 B （XOY），其 Y 轴竖直向上，X 轴水平指向起重机#1，其原点可设置在该平面的任意位置，但为了便于计算，其原点通常设在起重机#0 的起升滑轮组上。在此几何模型的基础上，上述的问题 5.1 具体化为在稳定静止平衡状态下给定 P_0、P_1、L_{r0}、L_{q0}、L_{r1}、L_{q1}、L、D、P_C、$m_{r0}g$、$m_{r1}g$、mg，求解 θ_0、θ_1、β、f_0、f_1。其中，P_0 为起重机#0 的滑轮组位置，P_1 为起重机#1 的滑轮组位置，L_{r0} 为起升绳#0 长度，L_{q0} 为起重机#0 的吊索具和对应挂接点间的长度，L_{r1} 为起重机#1 的起升绳长度，L_{q1} 为起重机#1 的吊索具和其对应挂接点间的长度，L 为挂接点#0 和挂接点#1 之间沿被吊物轴线方向的距离，D 为挂接点#1 到被吊物轴线的距离，P_C 为被吊物的质心位置，$m_{r0}g$ 为起重机#0 吊索具的重量，$m_{r1}g$ 为起重机#1 吊索具的重量，mg 为被吊物的重量。

为了求解双机起升系统的正向运动学问题，引入以下两个定理[4]。

定理 5.1：假定质点系的总势能函数为 $V = V(q_1, q_2, \cdots, q_k)$，则此质点系静止平衡的充分必要条件是

$$\frac{\partial V}{\partial q_j} = 0, \quad j = 1, 2, \cdots, k \tag{5.1}$$

式中，V 是质点系的势能函数；q_j 是质点系中第 j 个质点的广义坐标。

定理 5.2：质点系处于稳定静止平衡状态的充分必要条件是当且仅当质点系的总势能最小。

基于以上假定，被吊物和吊索具可被看作质点，因此双机起升系统是一个由三质点（P_C, Q_{r0}, Q_{r1}）和四根绳子串联连接组成的质点系，作用在三个质点上的主动力均为有势力[4]。由定理 5.1 和定理 5.2 可知，双机起升系统处于稳定的静止平衡状态的充分必要条件是被吊物、吊索具的势能之和最小。因而，该正向问题可以抽象为以下带约束的数学优化问题，见式（5.2）。

问题 5.2 带约束的数学优化问题：

$$\min \ mgy_{P_C} + m_{r0}gy_{r0} + m_{r1}gy_{r1}$$
$$\text{s.t.} \ \|P_i - Q_{ri}\| = L_{ri}$$
$$\|Q_{ri} - Q_i\| = L_{qi} \tag{5.2}$$
$$\|Q_1 - Q_0\| = \sqrt{L^2 + D^2}$$

式中，y_{P_C} 是质点的 Y 坐标；$y_{ri}(i = 0,1)$ 是吊钩和索具的 Y 坐标；$Q_{ri}(i = 0,1)$ 是吊钩和索具的位置；$L_{ri}(i = 0,1)$ 是滑轮组和吊钩间的距离；$L_{qi}(i = 0,1)$ 是吊钩和挂接点间的距离。

5.2.2 起升绳偏摆角计算

本小节的主要工作是将以上带约束的数学优化问题转换为无约束的数学优化问题，并给出优化问题的解决方法。在图 5.2 所示的局部坐标系 B 中，可知 Q_0 的坐标为

$$\begin{cases} x_{q0} = x_0 + (L_{r0} + L_{q0})\sin\theta_0 \\ y_{q0} = x_0 - (L_{r0} + L_{q0})\cos\theta_0 \end{cases} \tag{5.3}$$

令 $a^2 = L^2 + D^2$，$b^2 = (x_{q0} - x_1)^2 + (y_{q0} - y_1)^2$，由余弦定理可得 φ 和 β，进而可求得被吊物质点的坐标 P_C，具体如下：

$$\begin{cases} x_{P_C} = x_{q0} + L_k\cos\beta \\ y_{P_C} = y_{q0} + L_k\sin\beta \end{cases} \tag{5.4}$$

$$\varphi = \arccos\left(\frac{a^2 + b^2 - (L_{r1} + L_{q1})^2}{2ab}\right) \tag{5.5}$$

$$\beta = \arctan\left(\frac{y_1 - y_{q0}}{x_1 - x_{q0}}\right) - \varphi - \arctan\left(\frac{D}{L}\right) \tag{5.6}$$

因此，问题 5.2 可进一步简化为以下无约束的优化问题。

问题 **5.3** 无约束的数学优化问题：

$$\min \quad V(\theta_0) = m_{r0}gy_{r0}(\theta_0) + m_{r1}gy_{r1}(\theta_0) + mgy_{P_C}(\theta_0) \tag{5.7}$$

式中，

$$y_{r0}(\theta_0) = y_0 - \frac{L_{r0}}{L_{r0} + L_{q0}}(y_0 - x_0 + (L_{r0} + L_{q0})\cos\theta_0) \tag{5.8}$$

$$y_{r1}(\theta_0) = y_1 - \frac{L_{r1}}{L_{q1} + L_{q1}}(y_1 - x_1 + (L_{r1} + L_{q1})\cos\theta_1) \tag{5.9}$$

$$y_{P_C}(\theta_0) = y_0 - L_0\cos\theta_0 + L_k\sin\left(\arctan\left(\frac{y_1 - y_0 + L_0\cos\theta_0}{x_1 - x_0 - L_0\sin\theta_0}\right) - \varphi - \arctan\left(\frac{D}{L}\right)\right) \tag{5.10}$$

$$\theta_1 = \arctan\left(\frac{x_1 - x_{q0}}{y_1 - y_{q0}}\right) - \arccos\left(\frac{L_1^2 + (x_1 - x_{q0})^2 + (y_1 - y_{q0})^2 - D^2 - L^2}{2L_1\sqrt{(x_1 - x_{q0})^2 + (y_1 - y_{q0})^2}}\right) \tag{5.11}$$

显然，这是一个单变量无约束优化问题，当 $\dfrac{\mathrm{d}V}{\mathrm{d}\theta_0} = 0$，$\dfrac{\mathrm{d}^2V}{\mathrm{d}\theta_0^2} = 0$ 时，双机起升系统的总势能 V 最小。然而，$V(\theta_0)$ 是一个复杂的非线性函数，θ_0 的解析解不能由 $V(\theta_0)$ 推导得到。我们用数值的方法来求得 θ_0 的数值解，而 θ_0 就是问题 5.3 的解。

5.2.3 被吊物位姿计算

以上两小节给出了在二维平面中求解起升绳偏摆角的求解方法，而吊装仿真是在三维空间进行的，为此，在计算前需要将起升绳滑轮组的三维坐标映射到二维平面中，在二维平面计算出被吊物位姿后需要将二维平面的坐标变换成三维坐标，这些变换可采用变换矩阵得以实现。

令起重机#0 和起重机#1 的起升滑轮组三维空间坐标分别为 $P_0(x_0, y_0, z_0)$ 和 $P_1(x_1, y_1, z_1)$，通过向量叉乘运算可求得稳定静态平衡时吊装设备和两起升绳所在平面的法向量 n，见式（5.12）。

$$n = (P_1 - P_0) \times \begin{bmatrix} 0 \\ 1 \\ 0 \end{bmatrix} = \frac{1}{\sqrt{(x_1 - x_0)^2 + (z_1 - z_0)^2}} \begin{bmatrix} -(z_1 - z_0) \\ 0 \\ x_1 - x_0 \end{bmatrix} \quad (5.12)$$

若图 5.2 的几何模型中 B（XOY）坐标系原点设在起重机#0 的起升滑轮组位置上，那么根据法向量 n 及竖直方向 Y 轴可求得坐标系 B 到仿真的三维空间的变换矩阵 M，见式（5.13）。

$$M = \begin{bmatrix} \dfrac{-(x_1 - x_0)}{\sqrt{(x_1 - x_0)^2 + (z_1 - z_0)^2}} & 0 & \dfrac{-(z_1 - z_0)}{\sqrt{(x_1 - x_0)^2 + (z_1 - z_0)^2}} & x_0 \\ 0 & 1 & 0 & y_0 \\ \dfrac{-(z_1 - z_0)}{\sqrt{(x_1 - x_0)^2 + (z_1 - z_0)^2}} & 0 & \dfrac{(x_1 - x_0)}{\sqrt{(x_1 - x_0)^2 + (z_1 - z_0)^2}} & z_0 \\ 0 & 0 & 0 & 1 \end{bmatrix} \quad (5.13)$$

有了坐标系 B 到仿真的三维空间的变换矩阵 M 后，我们便可通过 M 的逆矩阵 M^{-1} 将仿真中起升滑轮组的三维坐标变换到坐标系 B，然后求解出起升绳偏摆角 θ_0，并根据式（5.7）求得在局部坐标系 B 下被吊物的坐标 $P_C(x_{P_C}, y_{P_C})$，最后通过变化矩阵 M 即可将 $P_C(x_{P_C}, y_{P_C})$ 变换到三维空间中。

5.2.4 起升力计算

双机起升系统所受外力有 f_0、$m_{r0}g$、mg、$m_{r1}g$、f_1，如图 5.3 所示，图中 L_{a0} 为起升力 f_0 关于起升滑轮组位置 P_1 的力臂，L_{a1} 为起升力 f_1 关于 P_0 的力臂。根据牛顿经典力学可知，当系统处于稳定的静止平衡状态，所受外力关于系统任一点的力矩矢量和也为零。所以，根据此质点系力矩矢量和为零的原理可求得两起升力 f_0、f_1，见式（5.14）。

$$\begin{cases} f_0 = \dfrac{-(m_{r0}g(x_{r0}-x_1)+mg(x_{P_C}-x_1)+m_{r1}g(x_{r1}-x_1))}{L_{a0}} \\ f_1 = \dfrac{m_{r0}g(x_{r0}-x_0)+mg(x_{P_C}-x_0)+m_{r1}g(x_{r1}-x_0)}{L_{a1}} \end{cases} \quad (5.14)$$

式中，

$$L_{a0} = \frac{\left| x_1 \tan\left(\dfrac{\pi}{2}-\theta_0\right)+y_1 \right|}{\sqrt{\tan^2\left(\dfrac{\pi}{2}-\theta_0\right)+1}} \quad (5.15)$$

$$x_{r0} = x_0 + L_{r0}\sin\theta_0 \quad (5.16)$$

$$x_{P_C} = x_0 + (L_{r0}+L_{q0})\sin\theta_0 + L_k\cos\beta \quad (5.17)$$

$$x_{r1} = x_1 - L_{r1}\sin\theta_1 \quad (5.18)$$

$$L_{a1} = \frac{\left| x_0\tan\theta_1 - y_0 + y_1 - x_1\tan\theta_1 \right|}{\sqrt{\tan^2\theta_1+1}} \quad (5.19)$$

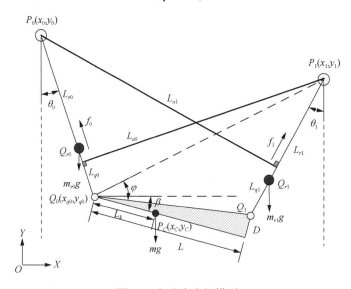

图 5.3　起升力求解模型

5.3　双机协同吊装正向运动学求解算法验证

ADAMS 作为被广泛应用的多体动力学和运动学分析软件，可求解运动学、静力学、准静力学及动力学方程并进行仿真[5]，ADAMS 的准确性是公认的，鉴于此，此小节在 ADAMS 平台对双机吊装过程的静力学进行求解及仿真，并将其仿真结果与本章算法的计算结果进行对比分析，以验证本章算法的准确性。两台起重机协同吊装的 ADAMS 仿真模型如图 5.4 所示。

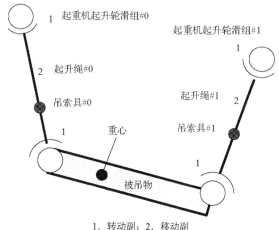

1. 转动副；2. 移动副

图 5.4 双机吊装的 ADAMS 仿真模型

从图 5.4 中可看出，该系统中共有两个刚体球和一个刚体圆柱，左边的刚体球表示起重机#0 的吊索具，右边的刚体球表示起重机#1 的吊索具，刚体圆柱表示被吊物，而最上面的那两个球分别表示两台起重机的起升滑轮组，在 ADAMS 中，它们被附加到地面上。图 5.4 中刚体之间用转动副进行约束，当用相应的参数给三个刚体赋予物理属性后，即可进行 ADAMS 仿真，仿真过程中可测量两起升绳的偏摆角、被吊物的仰角以及两起升绳的载荷。为对比分析方便起见，本章选择吊装过程中最常见的起升动作，让起升绳#0 长度作为变化参数，其他参数不变，具体参数如表 5.1 所示。下面将 ADAMS 仿真测量的结果与本章算法计算的结果进行对比，分析两起升绳的偏摆角、被吊物的仰角以及两起升绳的载荷随着起升绳#0 长度变化而变化的规律，对比结果如图 5.5～图 5.9 所示。

表 5.1 输入参数

参数名称	值
起重机#0 的起升滑轮组坐标 P_0 /(m,m)	(0,0)
起重机#1 的起升滑轮组坐标 P_1 /(m,m)	(40,−60)
起升绳#0 长度 L_{r0} /m	96～27
起重机#0 的吊索具与挂接点#0 的距离 L_{q0} /m	6
起重机#1 的起升绳长度 L_{r1} /m	40
起重机#1 的吊索具与挂接点#1 的距离 L_{q1} /m	4
挂接点#0 与挂接点#1 的轴线距离 L/m	40

续表

参数名称	值
挂接点#1 与被吊物轴线的距离 D/m	2
挂接点#0 与被吊物质心的距离 L_k/m	18
被吊物重量 m/t	400
起重机#0 的吊索具重量 m_0/t	15
起重机#1 的吊索具重量 m_1/t	5

从图 5.5 中可以看出，其他参数不变，起升绳#0 长度由 96m 变到 27m，本章算法和 ADAMS 仿真中起升绳#0 的偏摆角都是先变大后变小，并且同在起升绳#0 长度为 57m 处达到最大角度，分别为 6.35° 和 6.60°。两者最大的误差发生在起升绳#0 长度为 59.5m 处，误差值为 0.2969°，此处的误差为 0.2969/6.4177=4.63%。

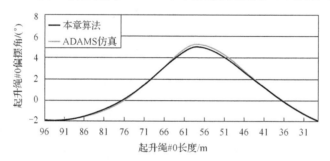

图 5.5　起升绳#0 偏摆角随起升绳长度的变化

从图 5.6 中可以看出，其他参数不变，起升绳#1 长度由 96m 变到 27m，本章算法和 ADAMS 仿真中起升绳#1 的偏摆角都是先缓慢变大，在起升绳#1 长度为 64m 处出现拐点，然后急速地继续变大。两者最大的误差发生在起升绳#1 长度为 63m 处，误差值为 0.3628°，此处的误差为 0.3628/10.6908=3.39%。

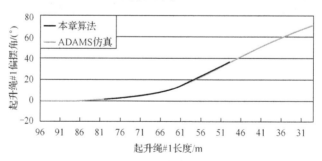

图 5.6　起升绳#1 偏摆角随起升绳长度的变化

从图 5.7 中可以看出，其他参数不变，起升绳#0 长度由 96m 变到 27m，本章算法和 ADAMS 仿真中被吊物的仰角基本是等斜率变大，在起升绳#0 长度为 52m

处出现拐点，然后缓慢地继续变大。两者最大的误差发生在起升绳#0 长度为 56m 处，误差值为 0.2772°，此处的误差为 0.2772/65.7285=0.42%。

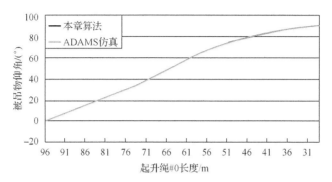

图 5.7　被吊物仰角随起升绳长度的变化

从图 5.8 中可以看出，其他参数不变，起升绳#0 长度由 96m 变到 27m，本章算法和 ADAMS 仿真中起升绳#0 的绳子载荷都是先缓慢变大，在起升绳#0 长度为 61m 处出现拐点，然后急速变大，在起升绳#0 长度为 47m 处再次出现拐点，最后缓慢继续变大。两者最大的误差发生在起升绳#0 长度为 65m 处，此处的误差为 8.5213/2643.98=0.32%。

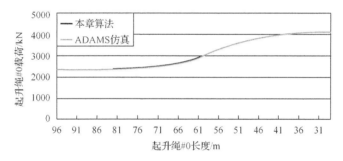

图 5.8　起升绳#0 载荷随起升绳长度的变化

从图 5.9 中可以看出，其他参数不变，起升绳#1 长度由 96m 变到 27m，本章算法和 ADAMS 仿真中起升绳#1 的绳子载荷都是先缓慢变小，在起升绳#1 长度为 68m 处出现拐点，然后急速地继续变小，在起升绳#1 长度为 52m 处再次出现拐点，最后缓慢继续减小，与起升绳#0 的载荷变化规律相反。两者最大的误差发生在起升绳#1 长度为 63m 处，误差值为 23.5724kN，此处的误差为 23.5724/1414.5849=1.67%。

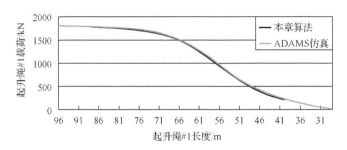

图 5.9 起升绳#1 载荷随起升绳长度的变化

ADAMS 仿真测量结果与本章算法计算结果的对比结果汇总见表 5.2。从表可知，本章算法的结果和 ADAMS 仿真的结果非常逼近，最大误差率是起升绳#0 偏摆角 θ_0 的误差，值为 4.6%≤5%。综上所述，本章算法的准确性在工程上是可以接受的。

表 5.2 结果对比汇总

结果变量	曲线变化规律	最大误差值	起升绳#0 绳长度/m	对应最大误差率/%
起升绳#0 偏摆角 θ_0	先变大后变小	0.2969°	59.5	4.6
起升绳#1 偏摆角 θ_1	先缓慢变大后急速地继续变大	0.3628°	63	3.39
被吊物仰角 β	等斜率变大后缓慢继续变大	0.2772°	56	0.42
起升绳#0 载荷 f_0	先缓慢变大，再急速变大，后缓慢继续变大	8.5213kN	65	0.32
起升绳#1 载荷 f_1	先缓慢变小，再急速变小，后缓慢继续变小至 0	23.5724kN	63	1.67

5.4 基于正向运动学的双机协同吊装仿真流程

以上给出了双机协同吊装正向运动学的求解算法，应用此算法便可求解吊装仿真每个迭代周期中的被吊物位姿及起升力。本节设计了基于正向运动学的双机协同吊装仿真流程，如图 5.10 所示。该流程包含了双机吊装仿真初始化、起重机仿真动作、被吊物位姿及起升力求解、可视化双机系统状态等四个环节，其中，中间两个环节为该流程的核心内容，第二个环节是人机交互环节，用户可通过输入设备（如键盘等）操控两台虚拟起重机的动作；而第三个环节是计算环节，利用上述的正向运动学求解算法计算被吊物位姿及起升力。

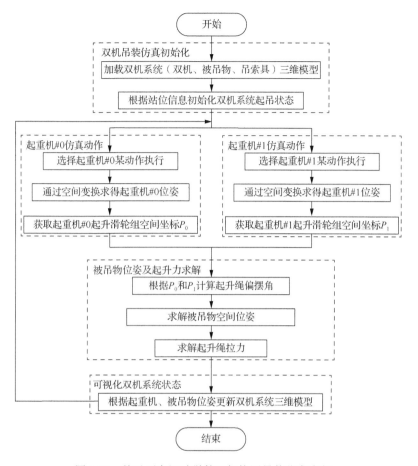

图 5.10 基于正向运动学的双机协同吊装仿真流程

5.5 广西北海炼油异地改造项目焦炭塔吊装案例

本章所提出的基于正向运动学的双机吊装仿真通用方法已实现并集成到自主开发的计算机辅助吊装方案设计系统（computer aided lift plan design system，CALPADS）中。2010 年 9 月，中石化南京工程有限公司应用该系统设计了中国石化广西北海炼油异地改造石油化工项目大型设备吊装的方案，利用本章所提出的方法进行了双机吊装过程的仿真。下面以其中一台焦炭塔的安装为例验证方法的有效性和可用性。该焦炭塔净重 315t，直径 9.0m，高 40.9m，重心位于距离主吊耳 12.4m 处，吊装前平躺放置在图 5.11 中 A 处，本次吊装的任务是将焦炭塔空中翻转竖立并搬运到图 5.11 中 B 处高为 17.9m 的混凝土框架上，如图 5.11、图 5.12 所示。

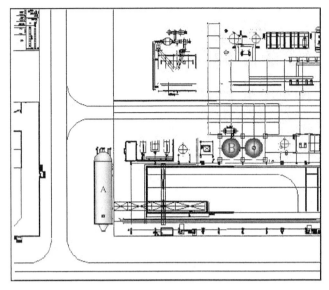

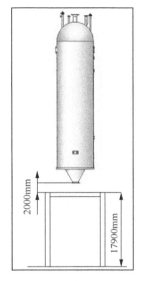

图 5.11 吊装平面图   图 5.12 就位立面图

由于需要将焦炭塔在空中翻转竖立成 90°，为此我们首先确定吊装形式为双机吊装。接下来我们应用 CALPADS 的吊索具选型子系统为本次吊装选择吊索具，在本案例中所选主吊索具主要包括长 9.4m、重 20t 的支撑平衡梁，直径 118mm、长 50m 的钢丝绳 2 根，若干配套卸扣，主吊索具总重 24.5t；所选溜尾吊索具主要包括直径 96mm、长 10m 的钢丝绳 2 根和若干卸扣，溜尾吊索具总重 1.3t。然后在此基础上，应用 CALPADS 的起重机选型子系统选择起重机作业工况，在此我们选择两台桁架臂履带起重机完成此次吊装，所选两台起重机的作业工况参数见表 5.3。

表 5.3　两台起重机的作业工况参数

起重机作业工况参数	主起重机	溜尾起重机
机型	CC8800	LR1400-2
臂架组合形式	SSL	SDB
主臂长/m	96	28
固定配重/t	280	135
车身压重/t	100	43
作业半径/m	42	16
超起配重/t	600	260
超起半径/m	25	15
额定起重量/t	435	293
被吊物形成的最大吊载/t	315	130.2
吊钩重量/t	17	8

续表

起重机作业工况参数	主起重机	溜尾起重机
吊索具重量/t	24.51	1.32
实际吊装总重/t	356.51	139.52
负载率/%	82.0	47.6

根据吊装环境及焦炭塔的摆放位置，我们设计了一个初步的站位及吊装过程方案，如图 5.13 所示。CC8800 履带起重机作为主起重机通过主吊索具与焦炭塔顶部的管式吊耳相连，LR1400-2 履带起重机作为溜尾起重机通过溜尾吊索具与焦炭塔底部的板式吊耳相连。吊装过程如下：首先两台起重机以同样的速度缓慢升钩将焦炭塔吊离地面一定高度，将原来支撑焦炭塔的鞍座移走；然后主起重机缓慢不断升钩，同时向下变幅至作业半径为 42m，使得焦炭塔被翻转 90°成竖立状态，而溜尾起重机通过起升动作调整焦炭塔底部位置使得最低点保持离地约 200mm，在双机协同的过程中主起重机和溜尾起重机的起升绳尽可能保持竖直，起升绳偏摆角最大不能超过 3°；最后由主起重机通过回转、行走、起升等动作完成焦炭塔的后续安装：向左回转 90°，带载行走 24.48m，起升 17.9m，向右回转 21°。

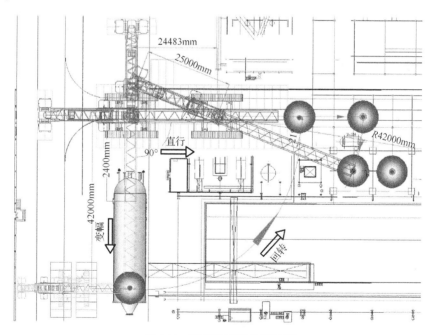

图 5.13 预想的双机吊装过程

以上的站位和吊装过程方案听起来似乎是可行的，但单从描述中很难直观地识别在吊装过程中是否超载、是否发生碰撞。为此，在实际吊装之前我们采用本章所提出的基于正向运动学的双机吊装仿真通用方法对以上吊装过程进行仿真，以发现潜在的危险。一切准备就绪后仅用几分钟便可完成整个吊装过程的模拟，图 5.14～图 5.17 为吊装过程中某些时刻现场实际吊装图片和吊装仿真截图。

（a）实际吊装图片　　　　　　　　　　（b）吊装仿真截图

图 5.14　起吊时刻双机系统吊装状态

（a）实际吊装图片　　　　　　　　　　（b）吊装仿真截图

图 5.15　焦炭塔翻转过程某时刻的双机系统吊装状态

（a）实际吊装图片　　　　　　　　　　（b）吊装仿真截图

图 5.16　焦炭塔完全竖直时刻的双机系统吊装状态

（a）实际吊装图片

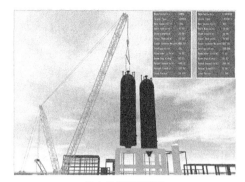
（b）吊装仿真截图

图 5.17　焦炭塔就位时刻的双机系统吊装状态

双机吊装仿真中，主起重机的负载率从 77.2%（起吊时刻）逐渐升至 82%（焦炭塔完全竖直时），而溜尾起重机的负载率从 47.6%（起吊时刻）下降至 2.7%（焦炭塔完全竖直时，吊钩尚未卸下）；在仿真中未发现碰撞的现象。因此，从技术上来说，以上的站位和吊装过程方案是可行的。需要指出的是，若在仿真中发现有超载或发生碰撞现象，设计者可以尝试修改起重机站位或调整起重机某些动作，通过这种反复更改最终可设计得到一个安全可行的吊装过程，规避实际吊装中潜在的危险。2010 年 12 月 20 日，按照上述的吊装过程进行现场实施，圆满完成了焦炭塔的安装。

从此实际案例可以看出，本章所提出的仿真方法能流畅地模拟吊装过程并实时显示负载率、碰撞检测结果等重要参数，直观、快速地识别吊装中潜在危险，是一种设计和预演双机吊装过程的有效手段。此外，焦炭塔吊装的圆满成功，从另一个侧面也验证了该方法的有效性和可用性。

5.6　小　　结

本章从静力学的角度考察了双机吊装中起升系统部分的运动学规律，提出了一种基于正向运动学的双机吊装仿真方法。该方法利用最小势能原理将起升绳偏摆角求解问题抽象为带约束的数学优化问题并进行数值求解，进而确定被吊物位姿及起升力。通过与 ADAMS 仿真结果对比表明，该方法计算的结果与 ADAMS 仿真结果几乎一致，精度在工程上可以接受。相比现有基于物理引擎的双机吊装仿真方法，该方法仅需被吊物的重心相对位置及重量即可准确求得吊装过程中被吊物位姿及起升力，为双机吊装仿真提供有力的支撑，可容易地嵌入吊装仿真软件中，实现实时的双机吊装作业仿真，具有参数少、实时等特点。

参 考 文 献

[1] Chi H L, Kang S C. A physics-based simulation approach for cooperative erection activities[J]. Automation in Construction, 2010, 19(6): 750-761.

[2] Hung W H, Kang S C. Physics-based crane model for the simulation of cooperative erections[C].9th International Conference on Construction Applications of Virtual Reality, Sydney, Australia, 2009.

[3] Chi H L, Hung W H, Kang S C. A physics based simulation for crane manipulation and cooperation[C].Proceedings of Computing in Civil Engineering Conference, 2007.

[4] 陈立群, 戈新生, 徐凯宇, 等. 理论力学[M]. 北京: 清华大学出版社, 2006.

[5] ADAMS[EB/OL]. [2021-03-21].https://hexagon.com/products/product-groups/computer-aided-engineering-software/adams.

6

计算机辅助吊装方案设计系统开发

在以上研究的基础上，本章开发面向大型吊装工程应用的计算机辅助吊装方案设计系统，以提高吊装方案的可行性、安全性和准确性，同时减轻工程人员的工作量，缩短吊装方案制订的周期，从而促进吊装行业的快速发展。

6.1 概　　述

被吊物的重量越来越重、体积越来越大，吊装环境越来越复杂，吊装工程越来越多，在此形势下，施工企业对吊装方案设计的精确性、可靠性和高效性势必提出更高的要求。作为吊装周期中重要的环节之一，吊装方案的好坏直接影响吊装的成败、成本及效率等。目前吊装方案设计仍停留在传统模式，人工选择起重机、采用 AutoCAD 等常规绘图软件绘制二维图检查干涉等。显然，这种传统手段低效、安全隐患大，已难以适应当前大型吊装工程快速发展的需要。

为此，国内外的许多起重机企业、租赁企业或施工企业开发了一些软件以提高吊装方案安全性和制作效率。在国外，代表作主要有 Work Planner 选型软件[1]、LiftPlanner 仿真软件[2]、Crane Manager 仿真软件[3]、Web 版 3D Lift Plan 仿真系统[4]、Rigging Design Programs[5]等。其中，Work Planner 由德国起重机制造商 Liebherr 公司开发，该软件辅助工程人员快速选择起重机并进行简单的单机吊装二维演示，值得一提的是 Liebherr 公司开发此软件的目的主要是推销自家生产的起重机，因而软件中的数据库仅包含自家的起重机；LiftPlanner 和 Crane Manager 均是基于 AutoCAD 软件平台开发的吊装仿真专用软件，可进行简单障碍物、被吊物建模，可进行单机吊装仿真和特定工况的双机吊装仿真；3D Lift Plan 是由 A1A Software 公司开发的 Web 版吊装仿真软件，可以进行起重机选型及三维的吊装仿真；Rigging Design Programs 是一组与起重机吊装相关的 Web 版计算程序，可以计算起重机最大作业半径、吊耳强度等。

由于我们国家起重机械行业的相对滞后，相关软件的研发起步较晚，国内关于吊装相关的软件主要有：浙江省开元安装集团有限公司开发的吊装专家 Vista，可进行桅杆吊装中的桅杆受力计算、桅杆强度校核计算以及其他吊装相关的校核计算；北京天融信达科技有限公司采用浏览器/服务器（browser/server，B/S）架构开发了 Web 版三维吊装模拟系统，可进行单机吊装仿真。

从上可以看出，国内外均开发了许多与吊装相关的软件，国外起步早，所开发的软件也较多，实现的效果也相对更优，发展较成熟，而国内则正处于初级阶段。目前已存在的国内外吊装相关软件均在不同程度上提高了吊装安全性和工作效率，但是，还存在以下不足：①起重机选型未能根据吊装的要求自动选择出合适的作业工况；②双机的吊装仿真只可进行某些特定的吊装方式，灵活性较差，许多双机吊装过程无法模拟；③起重机动作过程规划是吊装方案制订的一项重要工作，而这些软件并未提供吊装运动规划功能；④吊装方案制订涉及起重机选型、吊索具选型、动作过程规划、干涉检测等工作，这些软件均只解决了吊装方案制订过程中部分问题，而未能将吊装方案制订相关工作集中到同一平台下开展。

针对目前吊装相关软件所存在的不足，我们在现有吊装软件及相关研究成果的基础上，对吊装方案制订进行调研，对起重机选型、吊装仿真及吊装运动规划进行深入研究，开发了吊装方案计算机辅助设计系统。该系统可根据输入的吊装参数自动选出一系列满足要求的起重机作业工况，可自动规划起重机动作过程，并在虚拟的三维场景中进行吊装作业仿真，提前预见实际吊装中潜在的危险。这极大地提高了吊装方案的可行性、安全性和准确性，同时减轻了工程人员的工作量，缩短吊装方案制订的周期，从而促进吊装行业的快速发展。

6.2 系统功能划分及系统框架设计

6.2.1 系统功能模块

根据吊装方案计算机辅助设计系统的功能要求，我们将系统划分为被吊物及环境建模、起重机选型、吊索具选型、吊装运动规划、吊装仿真、吊装二维图自动绘制、吊装方案文档编制、吊装数据库管理 8 个相对独立的子系统，如图 6.1 所示，所提供的功能几乎涵盖吊装方案制订的所有环节。下面将对各个子系统进行简要的介绍。

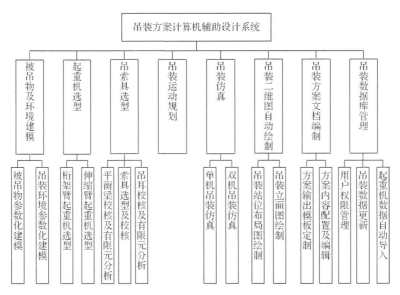

图 6.1   系统功能模块

（1）被吊物及环境建模子系统，是一个基于 AutoCAD 的参数化快速建模插件，负责被吊物和作业环境的三维建模，主要功能包括：参数化自动建立规则几何体并据此拼装成被吊物本体；参数化自动建立吊耳、吊盖、管口、劳动保护等附件并安装到指定方位；参数化自动建立设备基础、钢架结构、厂房等作业环境基本单元并据此拼装成整个吊装作业环境三维模型。

（2）起重机选型子系统，是整个系统的一个基础模块，负责从数据库中快速选择出满足工况要求的起重机作业工况（起重机类型有桁架臂履带起重机、桁架臂汽车起重机、伸缩臂履带起重机、伸缩臂汽车起重机），主要功能包括：根据设备的信息及起重机相关的限定条件自动选择出相应的起重机作业工况；根据指定的起重机配置参数（如机型、臂架组合形式、臂长等）选出对应的起重性能；输出所选起重机的作业工况及对应的起重性能表。

（3）吊索具选型子系统，是系统不可缺少的子系统，负责吊索具的校核计算，主要功能包括：根据设备的吊装要求从数据库中选择常用或标准的吊索具；对吊耳、平衡梁、索具、卸扣等吊索具进行传统的强度、稳定性等校核计算；对吊耳、吊盖、吊装设备等进行有限元分析，分析其本体及接触位置应力，自动生成结果分析文件。

（4）吊装运动规划子系统，是一个最具智能性的子系统，负责单机吊装的动作过程自动生成（起重机类型有桁架臂履带起重机、桁架臂汽车起重机、伸缩臂履带起重机、伸缩臂汽车起重机），主要功能包括：给定起吊/就位位形，自动生成汽车起重机的无碰撞、无超载动作过程；给定起吊/就位位形，自动生成履带起重机的无碰撞、无超载动作过程。

（5）吊装仿真子系统，是系统的核心部分，负责单机、双机吊装过程模拟，主要功能包括：模拟单台起重机的平移吊装和捆绑吊装；通过控制两台起重机模拟双机吊装过程；只控制一台起重机模拟典型的双机协同吊装过程；进行实时的碰撞检测和最小距离计算，定性或定量地检查吊装过程的干涉；实时地显示当前吊装的状态信息，如额定起重量、负载率、作业半径、臂架仰角等参数化，并有报警功能。

（6）吊装二维图自动绘制子系统，是一个基于 AutoCAD 的参数化快速建模插件，负责吊装站位布局图及吊装立面图自动绘制，主要功能包括：根据作业环境信息及起吊/就位信息自动绘制起重机的站位图；根据被吊物二维图、吊索具信息及起重机起吊/就位信息自动绘制起吊/就位时刻的吊装立面图。

（7）吊装方案文档编制子系统，也是系统输出模块之一，负责吊装方案文档的编辑及最终成稿，主要功能包括：自定义吊装方案输出模板；在模板中配置要输出的内容；按照指定模板自动输出完整的吊装方案 Word 文档。

（8）吊装数据库管理子系统，是系统的一个辅助子系统，负责对数据库中的数据进行管理，确保它们的正确性及一致性，主要功能包括：添加用户、删除用户、修改用户信息、分配数据库管理权限等用户管理；根据用户的权限提供相应的数据更新接口；为管理员用户提供起重机数据的导入接口。

6.2.2　系统框架

在系统设计时，采用观察者模式、策略模式、模板方法模式等软件开发设计模式，充分封装变化，避免所开发系统受算法变化、底层实现等因素的影响，使系统具有一定的通用性、较强的灵活性及良好的扩展性。图 6.2 是系统框架，从图中可以看到整个系统分为基础构件、业务逻辑及人机交互三层。基础构件层主要包括渲染引擎、碰撞检测及距离计算工具箱等底层开发包，同时还包括系统所涉及的相关数据库及其访问接口，为业务逻辑层提供相应的功能性服务和数据服务。业务逻辑层是系统的核心部分，主要负责建立各子系统逻辑关系及相关数据传递，以构建吊装方案制订的业务流程，为工程人员提供业务应用。人机交互层主要负责系统的输入/输出处理，包括被吊物尺寸等工程信息的输入、三维虚拟动态场景的显示、吊装方案相关文档输出等，为工程人员提供图形交互界面。

在此系统中，将多重约束下起重机选型算法框架应用于起重机选型子系统，将基于正向运动学和基于空间几何约束的两种双机吊装仿真方法应用于吊装仿真中的仿真计算，将改进的动作规划算法 RRT-Connect++和考虑非完整运动学约束的履带起重机吊装运动规划算法应用于规划起重机的吊装过程。

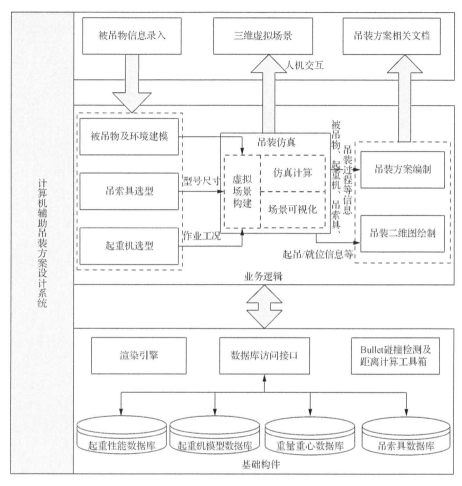

图 6.2 系统框架

6.3 起重机选型子系统设计

该子系统主要负责为吊装任务选择起重机,具体包括手动选型和自动选型。手动选型是根据指定的起重机配置参数(如机型、臂架组合形式、臂长等)选出相应的起重机;而自动选型是根据输入的工况要求及一些限制条件,自动地检索仿真数据库中起重机起重性能表,进行起重性能校核、最小间距计算以及履带接地比压计算,最终生成一组可行的起重机作业工况。手动选型相对比较简单,只要根据设定的配置参数从数据库中把相应的起重机输出即可,故在此不做详细介绍。自动选型即为本书研究的多重约束下起重机选型算法,图 6.3 为起重机自动选型的框架，从图中看到，其包含桁架臂起重机和伸缩臂起重机的选型，均分为性能计算、间距计算和接地比压计算三部分，两类起重机有着相同的选型框架，但其中的具体计算需要结合各自特点。

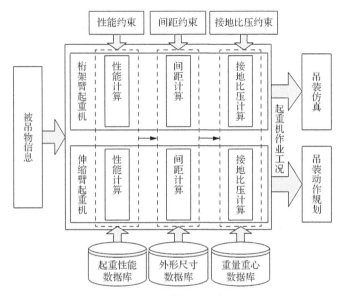

图 6.3　起重机选型子系统框架

6.4　吊装仿真子系统设计

吊装仿真是整个系统最为重要的子系统，通过吊装仿真可以设计吊装过程、对吊装过程进行预演以尽早发现潜在的危险，如发生干涉、超载等。吊装仿真实质上就是将当前的吊装状态实时显示出来，因此，只要能准确求出当前的吊装状态，即可采用合适的场景组织方法组织管理三维模型，最终利用某渲染器将其显示出来，从而可知吊装状态的求解是吊装仿真的关键。而吊装状态的求解有多种方法，并且吊装状态求解与可视化没有必然的联系，为此，在吊装仿真子系统设计的时候，我们将吊装状态计算独立出来，形成吊装仿真计算模块。此外，为了实现数据与显示的分离，此子系统采用虚拟场景构建模块组织和管理场景的三维模型，而采用吊装过程可视化模块更新和渲染场景。基于以上的设计思路，我们设计的吊装仿真子系统框架如图 6.4 所示。

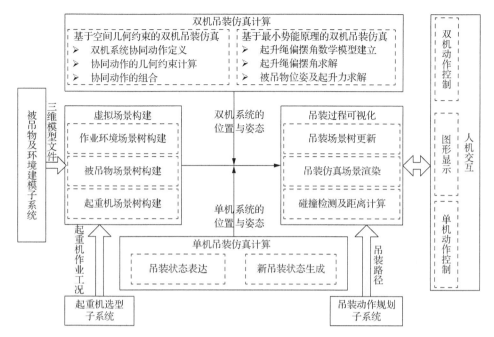

图 6.4 吊装仿真子系统框架

从图 6.4 中可以看到，该子系统包含单机吊装仿真计算、双机吊装仿真计算、虚拟场景构建、吊装过程可视化四个模块。在吊装仿真之前，虚拟场景构建模块负责从被吊物及环境建模子系统获取相应的三维模型文件，构建作业环境及被吊物的场景树，与此同时根据起重机选型子系统送来的起重机作业工况调取对应的起重机模型，构建起重机场景树。在吊装仿真过程中，首先单机或双机吊装仿真计算模块根据上一时刻的吊装状态（单机/双机系统位置和姿态），结合当前的动作计算出当前的吊装状态，接着吊装过程可视化模块根据当前吊装状态更新相应的场景树，最终将吊装场景渲染到计算机屏幕，同时进行碰撞检测及距离计算。

1. 虚拟场景构建模块

为了提高渲染和碰撞检测的效率，需要对场景中的物体进行有效的组织管理，鉴于场景树的通用性和高效性，此模块采用场景树对三维场景进行组织。基于场景树，三维场景的一切物体便可用其进行组织，对物体的三维建模也就成了构建一棵场景子树的过程。在此系统的三维场景中主要有起重机、被吊物及作业环境三类物体，下面就起重机、被吊物、作业环境的建模进行简要介绍。

起重机是吊装仿真中运动的角色之一，起重机类型一旦确定，其各部件及其之间的连接关系便相对固定，这样即可根据起重机的结构和运动特点构建出相应的场景子树。下面我们以桁架臂履带起重机为例说明起重机场景树构建，其他类型起重机类似。图 6.5 为桁架臂履带起重机的场景树，图中矩形代表非叶子节点，仅存储空间变换信息及管理信息；椭圆形代表叶子节点，存储顶点坐标、法向量等具体模型数据，这些数据通常从.mesh 渲染模型文件获取。起升绳是一类仿真过程中可变长的物体，在实现中采用程序参数化生成的圆柱体表示。在具体实现中，由于起重机机型一旦已知，其各部分模型便确定，所以为了快速建立起重机的模型，类似履带、车架等叶子节点的实体模型事先已根据相应的机型建立完成并存储到模型数据库中，建模时根据起重机作业工况，按照对应的场景树对各部件模型进行装配，最终形成整车三维模型。

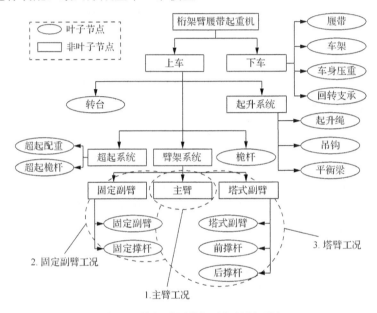

图 6.5　桁架臂履带起重机场景子树

对于不同的吊装任务，被吊物及作业环境各不相同，可以说是千变万化，因此，这两类物体不能像起重机那样将具体的实体模型预先建立好，而需要根据每个具体的吊装任务建立对应的三维模型，并用具有层次结构特点的 xml 文件描述其场景树。作业环境及被吊物的场景构建时，程序从被吊物及环境建模子系统导入实体模型，然后根据 xml 文件动态构建对应的场景树，实现最终形成被吊物及作业环境三维模型。

2. 单机吊装仿真计算模块

单机吊装仿真计算模块主要负责根据上一时刻的吊装状态及当前所选用的动

作计算新的吊装状态，其数学模型可抽象为

$$q_t = f(q_{t-1}, u_t) \tag{6.1}$$

式中，q_{t-1}、q_t 分别表示单机系统（由起重机和被吊物组成的系统）上一时刻和当前的吊装状态；u_t 表示所应用的动作。

对于不同种类的起重机，以上数学模型中 q、u 及 f 的具体表达是不同的，下面以桁架臂履带起重机标准主臂工况为例阐述单机吊装仿真计算的设计。

首先，用一个七维向量 $q = [x \quad z \quad \alpha \quad \beta \quad \gamma \quad h \quad \omega]^{\mathrm{T}}$ 描述单机系统的吊装状态，其中，(x,z) 为起重机下车的位置，其取值范围由吊装场地决定；α 为下车的方向，取值范围通常为 $[-\pi, \pi)$；β 为转台的回转角，取值范围通常为 $[-\pi, \pi)$；γ 为臂架仰角，取值范围通常为 $[0, \pi/2]$，具体由吊装重量及起重性能表决定；h 为起升绳长度，取值范围由臂长和臂架仰角决定；ω 为吊钩旋转角，取值范围通常为 $[-\pi, \pi)$。其次，采用六维向量 $u = [v \quad \Delta\alpha \quad \Delta\beta \quad \Delta\gamma \quad \Delta h \quad \Delta\omega]^{\mathrm{T}}$ 表示单机系统的动作，其中，v、Δh 分别为直线行走和起升的线速度，而 $\Delta\alpha$、$\Delta\beta$、$\Delta\gamma$、$\Delta\omega$ 分别为原地转向、转台回转、变幅、吊钩旋转的角速度。需要指出的是，某些特定动作 u 的某些分量可能为零，若 u 有两个及以上的非零分量，则 u 表示的是一个复合动作。确定了 q、u 的表达，则可得单机系统吊装状态表达式，见式（6.2）：

$$q_t = q_{t-1} + \begin{bmatrix} v\cos\alpha \\ -v\sin\alpha \\ \Delta\alpha \\ \Delta\beta \\ \Delta\gamma \\ \Delta h \\ \Delta\omega \end{bmatrix} \tag{6.2}$$

3. 双机吊装仿真计算模块

双机吊装仿真计算模块主要负责根据上一时刻的吊装状态及当前所应用的动作计算两台起重机和被吊物的位姿。此模块提供了基于最小势能原理的双机协同吊装正向运动学和基于空间几何约束两种计算模式，其中基于最小势能原理的双机协同吊装正向运动学的计算方法可以通过操控两台起重机模拟任意的双机吊装过程，两台起重机动作间的协同需要用户自己控制。因此，对用户来说，此模式的仿真操作较为复杂。而基于空间几何约束的双机吊装仿真方法由于事先已把协同策略嵌入双机系统的基本动作中，因而可容易地模拟期望的双机吊装过程，并且无须同时操控两台起重机。双机吊装仿真计算模块的内部架构如图 6.6 所示，基于最小势能双机吊装仿真和基于空间几何约束双机吊装仿真两个具体类的

Simulate 成员函数分别定义了以上两种方法的框架。此外，从图 6.6 中可以看到，双机起升系统数学模型类实现被吊物位姿及起升力求解，而采用类继承的方式实现基于空间几何约束双机吊装仿真中基本动作的定义。

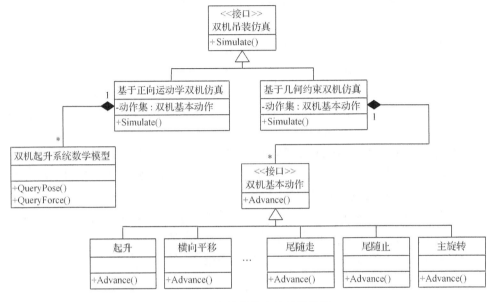

图 6.6　双机吊装仿真计算类设计

4. 吊装过程可视化模块

吊装过程可视化模块主要负责显示仿真中三维场景的一切物体并进行碰撞检测及距离计算，具体是在作业环境场景树、被吊物场景树、起重机场景树的基础上，根据单机、双机吊装仿真计算模块求得的双机系统位姿更新双机系统场景树，进行碰撞检测及距离计算，最终渲染吊装仿真场景，其工作流程如图 6.7 所示。

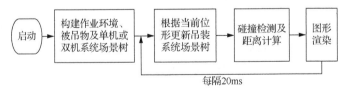

图 6.7　可视化工作流程

在动作规划中经常需要检测某个位形是否碰撞（此时的起重机是否与障碍物发生干涉），为此，在此采用计算机图形学里的三角形网面表示虚拟场景中的障碍物和起重机各部件，在检测某个位形是否碰撞过程中，首先应用以上位形空间到三维空间的映射获得起重机各部件的位姿，然后结合各部件网面信息便可检测此时的起重机是否与障碍物发生碰撞。在实现中，采用开源的邻近查询包（proximity query package，PQP）工具包实现具体的碰撞检测功能。

其中吊装系统场景树更新涉及吊装状态到吊装系统各部件位姿的映射。而从上述虚拟场景构建模块可以看到，场景中的一切物体均以场景树表示，并且场景树中的非叶子节点均携带着一个变换矩阵，用以指示该节点的空间位姿，因此吊装状态到各部件位姿的映射体现在树节点变换矩阵的表达。下面依然以桁架臂履带起重机的标准主臂工况单机吊装为例说明吊装状态到位姿的映射。桁架臂履带起重机单机吊装过程中，其模型如图 6.8 所示，根据此构型结合其吊装状态的表达，吊装系统、上车、主臂、起升系统、吊钩系统的局部变换矩阵可表达为式（6.3）～式（6.7）。只需在更新、渲染循环中将当前位形的值设置给变换矩阵相应的变量，并更新场景树，便可在场景中显示吊装状态对应的图形。

$$M_0^w = \begin{bmatrix} \cos\alpha & 0 & \sin\alpha & x \\ 0 & 1 & 0 & y \\ -\sin\alpha & 0 & \cos\alpha & z \\ 0 & 0 & 0 & 1 \end{bmatrix} \tag{6.3}$$

$$M_1^0 = \begin{bmatrix} \cos\beta & 0 & \sin\beta & 0 \\ 0 & 1 & 0 & h_b \\ -\sin\beta & 0 & \cos\beta & 0 \\ 0 & 0 & 0 & 1 \end{bmatrix} \tag{6.4}$$

$$M_2^1 = \begin{bmatrix} \cos\gamma & -\sin\gamma & 0 & x_b \\ \sin\gamma & \cos\gamma & 0 & y_b \\ 0 & 0 & 1 & 0 \\ 0 & 0 & 0 & 1 \end{bmatrix} \tag{6.5}$$

$$M_3^2 = \begin{bmatrix} \cos\gamma & \sin\gamma & 0 & L \\ -\sin\gamma & \cos\gamma & 0 & -d \\ 0 & 0 & 1 & 0 \\ 0 & 0 & 0 & 1 \end{bmatrix} \tag{6.6}$$

$$M_4^3 = \begin{bmatrix} \cos\omega & 0 & \sin\omega & 0 \\ 0 & 1 & 0 & -h \\ -\sin\omega & 0 & \cos\omega & 0 \\ 0 & 0 & 0 & 1 \end{bmatrix} \tag{6.7}$$

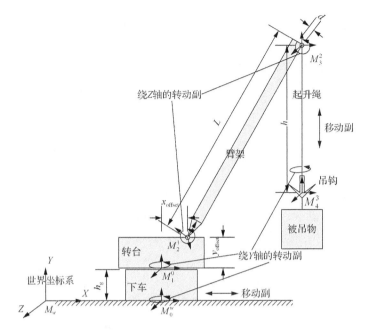

图 6.8　单机系统模型

6.5　中石化南炼油品质量升级改造工程项目沉降器吊装案例

本节以 2011 年 5 月中石化南炼油品质量升级改造工程项目中的沉降器吊装为例，简要介绍该系统的基本功能及实现效果。

6.5.1　吊装任务概述

本次吊装的施工地点位于金陵分公司炼油生产区内，被吊物——沉降器如图 6.9 所示，总重 326t、总长 66.96m、最大和最小直径分别为 8.3m 和 1.5m；作业环境如图 6.10 所示，沉降器需要安装到图中 A 处的框架内，此框架在吊装前预先构建完成，用以支撑沉降器。

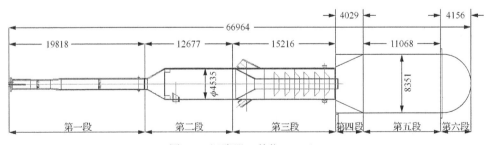

图 6.9　沉降器（单位：mm）

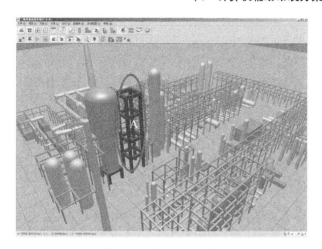

图 6.10 吊装作业环境

这样，沉降器必须跨越高为 46m 的框架才能进入内部，增加了吊装的难度。在这种情况下，只有采用起升高度大于 112.96m（框架高与沉降器总长之和，若把吊索具高度和起重机限位高度计算在内，根据工程经验起升高度至少需要 125m）、额定起重量大于 326t 的巨型起重机才能以整体吊装的方式完成此吊装。一方面，现场没有如此巨型起重机来完成此吊装；另一方面，本项目为油品质量升级改造工程，现有的炼油设备已正常运行，吊装作业空间狭窄，庞大的起重机无法在此拥挤的空间工作。因此，为了在此拥挤的作业环境中顺利地完成沉降器的吊装，同时充分利用现场已有的中大型起重机，我们拟采用分段吊装完成此任务。

根据沉降器的功能及外形的特点，我们首先将沉降器分为六段（图 6.9），各段具体参数见表 6.1。然后根据各段特点为每段选择合适的起重机、设计安全的吊装过程等。需要特别说明的是，由于前三段吊装块较长，需要先采用两台起重机将吊装块在空中翻转竖立，再利用其中的主起重机将其安装就位；而后三段则直接采用一台起重机将其安装就位。

表 6.1 沉降器各分段参数

序号	重量/t	最大直径/m	长度(高)/m	吊装形式
1	41	1.6	19.8	双机吊装
2	40	4.5	12.7	双机吊装
3	78	4.5	15.2	双机吊装
4	46	8.3	4.0	单机吊装
5	85	8.3	11.1	单机吊装
6	36	8.3	4.2	单机吊装

6.5.2 应用 CALPADS 设计吊装方案

本节将利用 CALPADS 设计沉降器的吊装方案，在使用 CALPADS 之前先简要介绍系统的操作流程。

1. CALPADS 操作流程介绍

利用此系统设计吊装方案的具体操作流程如图 6.11 所示。

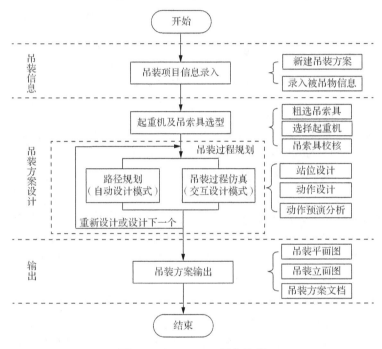

图 6.11　CALPADS 操作流程

该操作流程共分为吊装信息、吊装方案设计及输出三大部分。吊装项目信息录入提供吊装项目信息的输入界面，主要包括新建空的吊装方案、录入被吊物信息。吊装方案设计是整个系统的核心，其中的起重机及吊索具选型包括粗选所用吊索具、校核所选的吊索具、选择合适的起重机；吊装过程规划主要负责起重机站位、动作设计及吊装过程预演，系统为用户提供了自动设计和交互设计两种模式：自动设计模式目前只支持单机吊装（采用第 4 章提出的规划方法），交互设计模式支持单机、双机吊装。输出为用户提供吊装方案素材输出接口，当吊装方案设计成功或满足用户要求时，用户可根据需要对吊装方案信息进行输出，如吊装平面图、立面图、吊装方案文档等。

2. 吊装方案设计

下面将按照上述 CALPADS 操作流程设计沉降器的吊装方案。首先录入吊装项目信息，录入界面如图 6.12 所示。在新建吊装方案界面中，输入公司名称、项目名称、方案制作人等基本信息；在设备信息输入界面中，根据表 6.1 录入沉降器各段信息，如设备名称、位号、净重、规格、安装基础标高、吊点设置等。

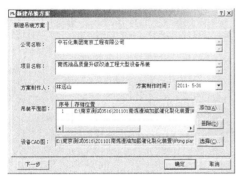

（a）新建吊装方案界面

（b）设备信息录入界面

图 6.12　吊装项目信息录入

吊装项目信息录入之后，我们进入吊装方案设计阶段，针对每个分段吊装块进行吊索具选型、起重机选型、吊装过程规划。从表 6.1 可以看出，前三段拟采用双机在空中翻转竖立，而后三段拟直接采用单机完成安装。这样，前三段的设计过程基本相同，后三段的设计过程基本相同。限于篇幅我们仅介绍第一段和第四段的设计过程。

1）第一段吊装方案设计

第一步：吊索具选型。

第一段吊装块重 41t、最大直径 1.6m。为此，在主吊索具选型界面（图 6.13）中选择型号为 110SH、额定载荷为 240t、长度为 2m 的吊装平衡梁。而平衡梁上下部索具分别从索具库中选用额定载荷为 59.69t、公称直径 77.5mm、长度为 16m 的钢丝绳 2 根和额定载荷为 76.8t、公称直径 96mm、长度为 10m 的钢丝绳 2 根。为了确保吊装的安全，我们把安全系数设为 5，效率系数（由于缠绕绳子性能下降）设为 0.75，点击图 6.13 中的"索具校核"重新校核所选索具是否满足吊装要求，经过计算可知所选索具合格。溜尾索具的选型与主吊索具的选型类似，在此不赘述。

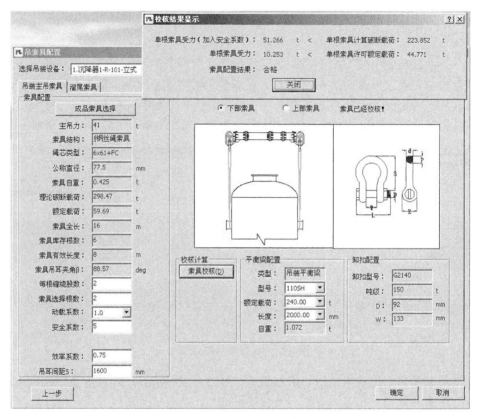

图 6.13　吊索具选型及校核

第二步：起重机选型。

由于第一段吊装块采用两台起重机吊装，为此起重机选型分为选择主起重机和选择溜尾起重机两部分。为了选择出合适的起重机，首先设置主起重机和溜尾起重机的选型参数，我们设主起重机的吨级为 80～550t，负载率 60%～90%，如图 6.14 所示；溜尾起重机选型参数设置与主起重机设置类似，吨级为 50～350t，负载率 30%～80%。设置完成后，点击选型界面中的"自动选型"按钮即可获得一组满足吊装要求的起重机作业工况。满足吊装要求的主起重机有 TC2600、LR1400-2、QUY450 等；满足吊装要求的溜尾起重机包括 LR1280、CKE2500 等。由于现场有 TC2600 和 LR1280，在此分别选它们作为主起重机和溜尾起重机，具体的主起重机作业工况和溜尾作业工况如图 6.15 所示。

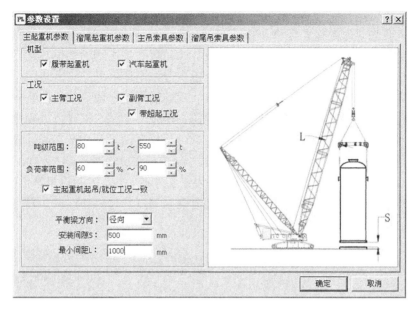

图 6.14 主起重机选型参数设置

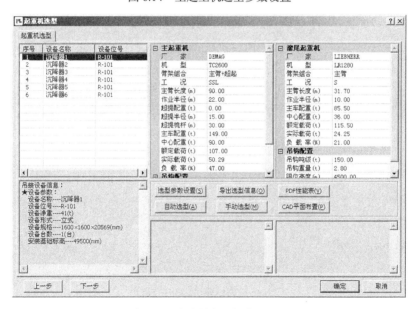

图 6.15 所选的起重机作业工况

第三步：吊装过程规划。

虽然吊装过程规划提供了吊装运动规划和吊装仿真两种设计模式，但在此采用吊装仿真的方式（交互模式）设计第一段吊装块的吊装过程。起重机选型结束后，系统自动在三维场景中建立主起重机和溜尾起重机的三维模型，在此基础上，我们导入预先建好的作业环境和被吊物三维模型，这样即可开始吊装过程的设计。总体思路是，首先采用系统的站位模块设计起重机和被吊物的站位，然后采用双机吊装仿真模拟预期的吊装过程并进行分析，最终设计出可行的吊装过程。

首先进行起重机和被吊物的站位设计。我们期望第一段吊装块翻转竖立后主起重机只通过回转和起升动作即可完成安装。所以，尝试在以就位处为圆心、半径为 22m 的圆周上布置主起重机，通过在站位设置界面不断调节三维场景中主起重机的位姿并检查是否有碰撞，最终发现主起重机在就位处-128°方向的圆周上无碰撞且工作空间最大，为此选择该位置为主起重机站位。主起重机站位确定后，依然通过站位模块设置被吊物的方位，接着确定溜尾起重机的站位，最终确定的吊装站位如图 6.16 所示。

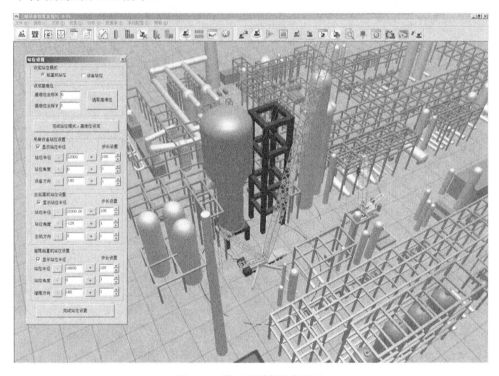

图 6.16　第一段吊装站位设计

吊装站位设计完成后，接着设计吊装过程（双机的动作序列）。根据吊装环境的特点，结合已完成的站位，根据经验设计的初步吊装过程为：①主起重机不断升钩，溜尾起重机跟随，直至被吊物竖直；②溜尾起重机脱钩后，主起重机继续起升，直至被吊物底端稍高于框架的高度；③主起重机左回转一定角度，使被吊物正好处在框架的正上方；④主起重机落钩将被吊物送入框架内部。下面就通过吊装仿真手段细化此吊装过程，查看是否存在安全隐患，以最终确定吊装过程。

由于初步吊装过程中的①属于典型的双机吊装方式，所以我们采用基于空间几何约束的双机协同吊装仿真方法模拟此吊装过程。具体操作选择双车动作设置界面中的"3号动作方案"，如图 6.17 所示。双机动作方案选择后，便可进行具体双机动作序列（吊装过程）的设计，为方便用户定量准确地设计动作序列，系统提供了动作编辑器，如图 6.18 所示。在此，经过若干次动作序列设计并预演后，最终得到了一个无超载、无碰撞的动作序列（图 6.18），此动作序列的仿真截图如图 6.19 所示。

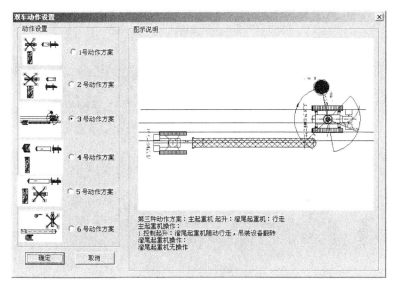

图 6.17　双机动作方案选择

图 6.18　双机动作编辑器

（a）起吊时刻

（b）翻转过程中某个时刻

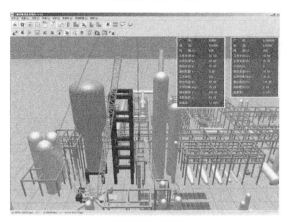

（c）翻转竖立时刻

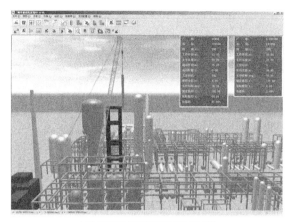

（d）被吊物底端升到框架高时刻

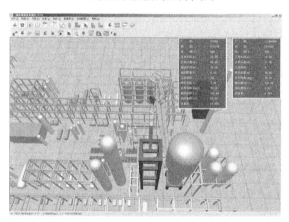

（e）被吊物在框架正上空

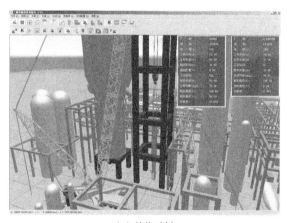

（f）就位时刻

图 6.19　第一段吊装仿真截图

仿真过程中，主起重机和溜尾起重机负载率的最大值分别为 47% 和 21%，并且起重机、被吊物、作业环境两两间未出现碰撞情况。因此，通过仿真认为以上的初步吊装过程是合理的，并且具体吊装过程细化为：①主起重机升钩 20m，同时溜尾起重机跟随配合使得两台起升绳始终竖直；②溜尾起重机脱钩，主起重机继续起升 49m；③主起重机向左回转 51°；④主起重机落钩 51m，结束吊装。所以，第一段吊装方案是可行的。

2）第四段吊装方案设计

第四段吊装方案的设计过程与第一段的设计过程类似，不同之处在于不需要选择溜尾起重机，也不需要进行双机的仿真。需要说明的是，此段吊装方案设计可充分利用前三段设计的一些信息，提高设计的效率。下面具体介绍第四段吊装块的方案设计过程。

第一步：吊索具选型。

第四段吊装块重 46t、最大直径 8.3m。由于直径较大，采用两吊点吊装稳定性较低，所以在此采用四吊点吊装。这样，我们需要从索具库中选用 4 根完全一样的索具，选索具的过程与第一段的类似，这里所用的索具具体为：额定载荷为 59t、公称直径 77.5mm、长度为 16m 的钢丝绳，通过校核可知此钢丝绳满足吊装要求。

第二步：起重机选型。

考虑到更换起重机会增加成本，而第一段吊装中的主起重机作业工况的额定起重量为 107t，完全能胜任此段的吊装。因此，这里不需要重新进行复杂的选型，而只需利用选型模块中"手动选型"功能直接指定起重机即可，具体如图 6.20 所示。

图 6.20　第四段起重机手动选型

第三步：吊装过程规划。

与第一段的吊装过程规划类似，在进行动作序列设计之前需要对起重机和被吊物进行站位。由于第一段已通过仿真验证过能顺利地将被吊物安全地送入就位框架内，因此这里不需要重新站位，而直接采用第一段的主起重机站位。

接下来我们同样采用仿真模块中的动作编辑器设计起重机的动作序列，经过几次反复的校验，最终得到如图 6.21 所示的动作序列。此动作序列的仿真截图如图 6.22 所示。

图 6.21   第四段吊装动作序列设计

（a）起吊时刻

（b）被吊物底端升到框架高时刻

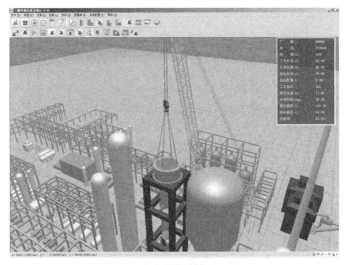

（c）就位时刻

图 6.22　第四段吊装仿真截图

　　仿真过程中，起重机的负载率始终保持在 51%，并且起重机、被吊物、作业环境两两间未出现碰撞情况。因此，可以认为图 6.22 的吊装过程是合理、可行的，第四段吊装方案是可行的。

　　3）吊装方案输出

　　当吊装方案设计完成后，利用本软件系统的输出模块可输出吊装方案的相关数据，如吊装立面图、吊装平面图、吊装方案文档、录像等。图 6.23 为软件输出的第一段吊装立面图，输出信息包括主起重机和溜尾起重机的作业工况、起吊时刻立面图、就位时刻立面图、吊索具缠绕方式等。

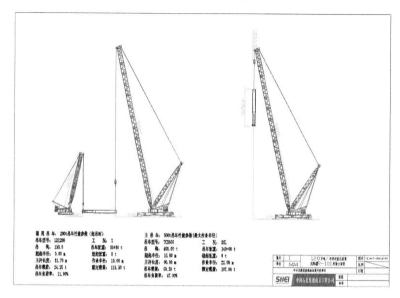

图 6.23　第一段吊装立面图输出

最后需要指出的是，以上仿真中作业环境和被吊物的三维模型是采用系统的建模子系统（一个 AutoCAD 插件，见图 6.24 中的椭圆圈）完成的，具体功能实现界面如图 6.24 所示。

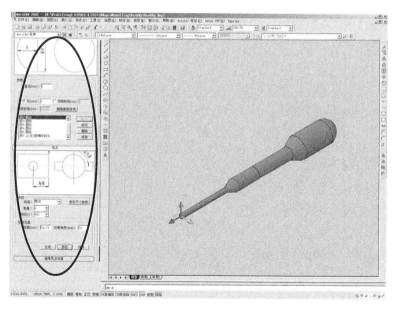

图 6.24　三维建模界面

由此可见，CALPADS 系统能直观、快速地设计吊装方案。实际吊装的顺利完成也验证了该系统的可用性和有效性。

6.6　小　　结

本章首先介绍了计算机辅助吊装方案设计系统的研发背景，紧接着简要介绍了系统功能划分并给出了系统框架，然后着重阐述了起重机选型子系统、吊装仿真子系统及吊装运动规划子系统的设计，最后通过中石化南炼油品质量升级改造工程项目沉降器吊装展示该系统的基本功能及实现效果。

参 考 文 献

[1] Crane Planner 2.0[EB/OL]. [2021-03-21]. https://www.liebherr.com/en/usa/products/mobile-and-crawler-cranes/service/crane-planner/crane-planner.html.

[2] LiftPlanner[EB/OL]. [2021-03-21]. http://www.liftplanner.net/.

[3] CRANEbee[EB/OL]. [2021-03-21]. https://www.manitowoc.com/support/cranimax-cranebee.

[4] 3D Lift Plan[EB/OL]. [2021-03-21]. http://www.3dliftplan.com/.

[5] Rigging Design Programs[EB/OL]. [2021-03-21]. http://www.maximumreach.com/Software.htm.

7

基于 RRT-Connect++算法的吊装运动规划

7.1 概 述

起重机吊装运动规划是一种自动设计吊装过程的有效手段，旨在有障碍物的吊装环境中寻找一条从某状态（起点）到另一状态（终点）的动作序列，起重机能按照此动作序列顺利、安全（不超载、无碰撞）完成吊装任务。作为大型吊装方案设计中最为重要的子任务之一，吊装运动规划不当会导致严重的后果，甚至机毁人亡。而吊装运动规划是一类带高自由度的规划难题，不仅需要考虑起重机、被吊物、作业环境两两之间的碰撞，同时还需要考虑是否超载、运动是否满足起重机的运动学约束等问题。目前，在没有合适的专业吊装运动规划工具的情况下，吊装运动规划通常由经验丰富的吊装工程师来完成，工程师只能依赖其直觉和经验，用常规的 CAD 软件对可能出现危险的离散关键状态点进行校核验证以得到起重机的关键动作。该方法不全面，严重依赖工程师的主观判断，安全性难以保证，并且效率较低。此方法显然难以适应当前快速发展的复杂而大型的吊装工程。因此，采用先进的规划方法自动地生成一条优化的无碰撞吊装动作序列就显得尤为重要。

作为一类极具挑战的问题，吊装运动规划近年来得到了工业界和学术界的极大关注，已成为一个新的研究热点。国内外学者对移动式起重机的吊装运动规划进行了研究，针对不同的问题提出了许多有效的方法，主要有基于图构造搜索[1-3]、智能规划[4-6]、基于随机采样规划[7-9]等三大类。然而，现有的研究无论是基于图构造搜索还是智能规划或是随机采样，基本上均假定起重机下车固定，主要研究起重机上车动作（回转、变幅、起升）的规划，而未考虑起重机的行走。事实上，在许多实际吊装工程中，尤其在起吊位置到就位位置距离比较远的情况下，起重机必须行走才能顺利完成吊装任务。因而，现有研究与实际起重机吊装有较大差别。然而考虑行走的吊装运动规划是一项具有挑战性的工作：①考虑行走后，规划问题的维度由三维增加到六维以上，规划更加困难；②由于履带起重机的行走通过差分驱动实现，属于非完整运动学，若不考虑此运动学约束，规划得到的动作序列不自然甚至不可用，与实际吊装存在偏差。因此考虑非完整运动学约束的履带起重机吊装运动规划尚需开展。

运动规划（路径规划）是机器人领域一个基本问题，国内外学者对此问题进行了深入的研究，提出了许多著名的运动规划算法，如可视图法（visibility graphs）[10]、沃罗努瓦法[11]、栅格分解法（cellular decomposition）[12-14]、A*[15, 16]、D*[17-19]、人工势场法（artificial potential fields）[20]等。这些确定性的基于图构造及搜索算法解决低维的实际运动规划问题十分有效，然而在高维运动规划问题面前，这些算法面临高维所带来的"指数爆炸"难题。为此，基于随机采样算法被提出来解决此类极具挑战的运动规划问题，目前基于随机采样的运动规划算法主要有随机运动规划（RPP）[21]、Ariadne's clew[22]、概率路标法（PRM）[23]、快速扩展随机树（RRT）算法[24]等。其中，RRT 算法是 LaValle[24]于 1998 年提出专门用于解决高维空间和非完整约束的路径搜索问题，其基本思想是通过对状态空间的随机采样，把搜索导向未知空间。RRT 算法不仅保持了基于随机采样算法的避免空间建模和善于解决高维空间运动规划问题的特点，同时还引入控制理论的状态转移方程 $x' = f(x,u)$，在此方程的控制下增量式地产生新状态，使之很容易满足系统非完整性约束或非完整性动力学约束的要求，这是它有别于其他方法的独特优势。

RRT 自提出以来得到了广泛关注，出现了许多变种。比如，一些学者提出了偏向 RRT[25]、双向 RRT[26, 27]、基于 k 维树（k-dimensional tree，KD-tree）的 RRT[28]等变种算法，这些算法（尤其是双向贪婪扩展 RRT）极大地提升了算法的搜索速度。针对运动规划中狭窄通道问题，另外一些学者提出了 DDRRTs[29]、ADDRRTs[30]、Triple RRTs[31]、Multi-RRTs[32]等算法。然而，上述提到的算法均侧重找到一条可行的路径，而对路径的质量关注较少，所得路径往往欠优。为此，Urmson 等提出了一种启发式的 RRT 搜索（heuristically biasing rapidly-exploring random tree，hRRT）算法[33]，旨在通过启发信息引导生成树向能够产生优化路径的区域生长，即根据 Voronoi 区域的大小建立路径代价评估函数，基于路径代价对空间点进行采样，不足之处是每个节点的 Voronoi 区域的计算量较大，致使搜索效率下降。在此基础上，Ferguson 等提出了通过运行多次 RRT 算法以逐渐地提高路径的质量[34]，每运行一次该算法都会得到一条比之前更优化的路径。Karaman 等提出了基于随机图理论的 RRT*算法[35]，该算法在生成树扩展过程中不断调整生成树结构使其逐渐得到路径优化，且该算法在求解无微分方程的规划问题时是渐近优化的。之后不久他们将 RRT*进行了改进[36]，使其能很好地处理非完整性约束问题。RRT*算法的缺点在于扩展树节点时需要对树不断调整并进行大量的计算，从而降低了算法的效率。此外，算法需要为每个具体的问题设计合适的 Steer 操作以处理非完整约束，这是一项非常困难的工作[37]。

作为最高效的运动规划算法之一，RRT-Connect 算法[26]是双向贪婪扩展的 RRT 算法，能更快收敛到可行路径，这主要得益于多步扩展贪婪策略和双树相向扩展策略的应用。但 RRT-Connect 算法只负责寻找初始可行路径，并不保证路径的质量，而事实上其所生成的路径通常是较差的。

为此，本章首先利用生成树扩展过程中的先验信息对 RRT-Connect 算法进行改进，得到改进算法 RRT-Connect++，然后在此基础上，提出一种基于 RRT-Connect++的单台履带起重机吊装运动规划算法，该算法考虑了履带起重机行走的非完整运动学约束。首先构建单台履带起重机吊装运动规划数学模型，然后设计吊装运动规划算法的总体框架，详细阐述吊装系统位形空间的建立、位形间距离度量定义以及非完整运动学建模，最后通过三个仿真实验验证算法的有效性和性能，结果表明该算法能在各种吊装环境中快速找到同时满足碰撞约束、起重性能约束、非完整运动学约束的可行吊装动作序列。

7.2　基于先验信息的 RRT-Connect++算法改进

本节旨在改进 RRT-Connect 算法，使其在不降低效率的前提下能生成较优路径，主要围绕节点扩展、随机点采样、最近邻节点选择等方面进行改进，具体包括：①在 Connect 操作中每隔 k 步插入一个树节点使这些节点有机会生长出较优的子树，此外引入回归分析考察节点间关系，对待加入树中的新节点加以控制，保证生成树节点的质量；②将优秀的树节点作为候选的随机点存储在采样池中，采样时以概率 p_{pool} 从该采样池中进行随机采样，同时将已探索过的空间采用 KD-tree 数据结构组织起来，尽量避免对探索空间进行采样，保持未探索空间对 RRT 的吸引力；③采用 KD-tree 作为二级数据结构组织生成树的节点，提高最近邻节点选择的效率。下面首先简要介绍 RRT-Connect 算法。

7.2.1　RRT-Connect 算法介绍与分析

RRT-Connect 算法是一种贪婪的双向 RRT 算法，主要基于以下两个想法：①利用 Connect 启发操作在每次迭代中尽可能多扩展一段距离；②从起始状态和目标状态同时生长两棵 RRTs。其算法描述如函数 7.1、函数 7.2 所示。

该算法首先以起始状态 x_{init} 和目标状态 x_{goal} 初始化两棵树 T_{init}、T_{goal}，然后算法交替、迭代地扩展这两棵树：在状态空间中选择一个随机状态作为 T_{init} 本次迭代的扩展目标，T_{init} 接着试图应用 Connect 操作尽可能向目标扩展生成 x_{new}，而 T_{goal}

则试图通过 Connect 操作与 T_{init} 相连,两棵树相遇时表明一条可行路径已产生。在 Connect 操作中,算法像基本 RRT 一样根据随机状态选择生长点及合适的输入,在生长点处应用该输入生成新的状态。与基本 RRT 不同之处是不断地应用输入生成新的状态,直到新的状态遇到障碍或到达本次目标,最后将最新生成的无碰撞状态作为树的节点加入生成树中。

函数 7.1:

```
RRT-Connect ( x_init, x_goal, T_init, T_goal, K )
{
    T_init.Init(x_init);
    T_goal.Init(x_goal);
    while ( k < K )
    {
        x_target = RandomState();
        if(Connect(x_target, T_init, x_new ) )
        {
            x_target = x_new;
            if(Connect ( x_target, T_goal, x_new ) )
              if (GapSatisfied( x_target, x_new ) )
                 return Path( T_init, T_goal );
        }
        Swap( T_init, T_goal );
        k++;
    }
}
```

函数 7.2:

```
Connect ( x_target, T, x_new )
{
    x_nearest= SelectNearestNeighbor( x_target, T );
    u = SelectInput( x_nearest, x_target, bSuccess);
    if( !bSuccess )
        return bSuccess;
    x_new= NewState( x_nearest, u, △t );
    while( Satisfied(x_new ) )
    {
        x_new= NewState( x_new, u, △t );
    }
```

```
T.AddVertexandEdge( x_nearest, x_new, u,△t );
return bSuccess;
}
```

从函数 7.1 和函数 7.2 中可以看到，RRT-Connect 算法存在以下几点不足：①采用均匀的随机采样，虽然避免算法陷入局部最优，但另一方面因生成树生长缺乏方向性，所得到的路径不优化。②从函数 7.2 可以看出，不管一次 Connect 扩展多远的距离，只将最后一个节点加入生成树中，中间过程的节点并未加入树中，这样虽可通过减少生成树的节点提高选择最近邻节点的效率，但同时也失去从这些过程节点生长出优化路径的机会。③随着生成树节点的增加，树的生长速度越来越慢，对未知空间的探索能力不断衰减，主要由于以下两个原因：随着树的不断生长，未探索的空间不断减小，未知空间中的有效随机状态被采到的概率逐渐降低，降低了未知空间对树生长的吸引力；随着树节点的增加，每次迭代中选择最近邻节点耗费的时间也随之增加。

为此，针对以上所提出的不足，本节对 RRT-Connect 算法进行一些改进，改进后的算法称为 RRT-Connect++。通过分析不难发现 RRT-Connect 算法的不足主要源自采样点质量不够优良和树节点数量过大且过于密集。采样点决定树生长的方向，采样点选择的好坏直接影响算法效率的高低和路径质量的优劣。而树节点的好坏却严重影响生成树的质量和生长速度，优良的节点不仅可以让每次迭代的 Connect 策略能扩展更长的距离，同时还可以让树保持较少的节点，从而提高选择最近邻节点操作的效率。因此，算法的改进主要基于以下两点原则：①让算法在采样时选到优良的采样点，以确保生成树沿着合适的方向生长；②扩展树节点时控制节点的质量，只扩展优良的节点，让树更容易、更好地生长。

7.2.2 生成树扩展策略改进

1. 可变多步扩展生成树

原始 RRT-Connect 算法树节点的扩展策略如图 7.1 所示，其中实线圆和虚线圆分别代表 T_{init} 和 T_{goal} 的节点，而小圆圈是 Connect 扩展过程中每次应用相应的输入后产生的状态。从图中可以看到，只有扩展至障碍或已到达随机目标点，才将最新的无碰撞状态作为节点加入树中，而小圆圈代表的中间节点并没有加入生成树中。这样，Connect 操作生成的中间节点便丧失了生长出更优化路径的机会。为了增加从连续扩展中的过程节点生长出优化路径的机会又能保持树节点较少，我们在 Connect 的扩展操作中每隔 k 步生成一个树节点加入树中，扩展过程如图 7.2 所示。通过此策略，在下一个迭代周期中算法提供了中间节点向优质区扩展

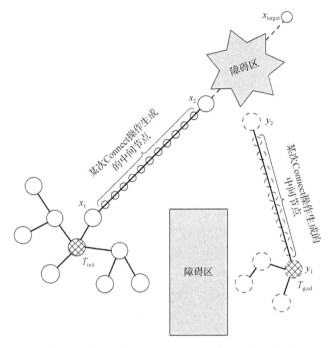

图 7.1　原始 RRT-Connect 算法树节点的扩展策略

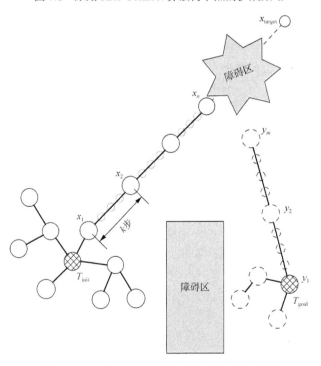

图 7.2　RRT-Connect++算法树节点的扩展策略

的可能，同时也提高了两棵树中间节点相连的可能性（如 x_1 到 x_n 之间的节点便有机会连接到 y_1 到 y_m 之间的节点），这样不仅提高两棵树尽早相遇的概率，同时也使得路径相比 x_n 与 y_m 连接形成的路径更优化。值得一提的是，参数 k 控制了树节点的数量，当 $k=1$ 时算法会生成大量的树节点，可能会影响算法的效率；而当 k 为本次迭代的最大扩展步数（图 7.2 中的 n 或 m）时与 RRT-Connect 的扩展一样。在扩展树节点的同时，这些新生成的节点作为优良的候选采样点被添加或更新到相应的采样池中。

2. 应用回归分析控制树节点生长

在包含复杂的运动学约束或微分约束的规划问题中，原始 RRT-Connect 的扩展操作经常会出现树节点往回扩展的情况（图 7.3），其中虚线圆为某次 Connect 操作新扩展的节点，x_{new} 节点撤回已探索区。这种情况应该尽量避免，因为像 x_{new} 这样的节点一般不会被包含在优化的路径中，对树的生长没有太大的意义，只会增加树节点数量，这类不良的节点不应该加入到生成树中。可惜的是原始 RRT-Connect 并没有相应的机制识别回撤节点而将其与其他节点同等对待，一并加入生成树中，致使算法性能降低。

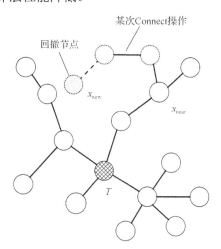

图 7.3 扩展过程中的回撤节点

本章借鉴回归分析的思想[38]，采用回归分析考察新节点与其他节点间关系，利用一种隐式回归约束函数对待加入树中的新节点加以控制，只有满足式（7.1）的新节点 x_{new} 才被加入生成树 T 中。式中，Dist 为距离函数，用来表述不同节点间的距离。

$$\forall x \in T \big| \mathrm{Dist}(x_{new}, x_{parent}) < \mathrm{Dist}(x_{new}, x) \qquad (7.1)$$

3. 基于回归分析的可变多步扩展策略实现

在生成树扩展策略的基础上，由此可得 Connect 操作的实现，其伪代码如函数 7.3 所示。其中 SelectNearestNeighbor(x_{target}, T)为最近邻选择函数，主要负责根据某种距离度量选择 T 树中距离 x_{target} 的节点；SelectInput($x_{nearest}$, x_{target}, bSuccess)为输入选择函数，负责根据某种评判标准（如扩展一步使得新节点距离目标点尽可能近）选择从 $x_{nearest}$ 出发到 x_{target} 最优的输入（动作）；NewState($x_{nearest}$, u, $\triangle t$)函数负责在生长点 $x_{nearest}$ 应用输入 u 生成新节点；Satisfied(x_{new})函数判定新节点 x_{new} 是否无碰撞、是否在有效的状态空间中；T.AddVertexandEdge($x_{nearest}$, x_{new}, u, nSteps*$\triangle t$)函数负责将新节点 x_{new} 及对应的边加入生成树 T 中；SP$_{init}$ 和 SP$_{goal}$ 分别为生成树 T_{init} 和 T_{goal} 的采样池，它们的 AddandUpdate(x_{new})函数负责将新节点 x_{new} 添加到采样池中并进行更新。

函数 7.3：

```
Connect ( x_target, T, x_new )
{
    x_nearest= SelectNearestNeighbor( x_target, T );
    u = SelectInput( x_nearest, x_target, bSuccess);
    if( !bSuccess )
        return bSuccess;
    x_new= NewState( x_nearest, u, △t );
    nSteps = 0;
    while( Satisfied(x_new) )
    {
        nSteps++;
        if( nSteps % k == 0 )
        {
            x= SelectNearestNeighbor(x_new, T );
            if( x == x_nearest)
            {
                nSteps = 0;
                T.AddVertexandEdge( x_nearest, x_new, u,nSteps*△t );
                if( T == T_init )
                    SP_goal.AddandUpdate( x_new );
                else
                    SP_init. AddandUpdate ( x_new );
            }
        }
```

```
        x_new= NewState( x_new, u, △t );
    }
    T.AddVertexandEdge( x_nearest, x_new, u, nSteps*△t );
    return bSuccess;
}
```

7.2.3　随机采样策略改进

随机采样点的质量对算法的效率和路径的质量有着至关重要的影响。在 RRT 中，随机采样点的作用是引导生成树的扩展，好的随机采样点不仅可引导生成树避开障碍或逃离局部最小区，同时还可指引生成树沿着最优路径方向生长。因此，本节采用两个措施来提高随机采样点的质量：从存储优良候选节点的采样池中选择随机点和从未探索区选择随机点。

1.　从采样池选择随机点

为了提高随机采样点的质量，RRT-Connect++为每棵树构建一个采样池（记为 SP_{init}、SP_{goal}），在树生长的过程中不断地将优良的候选采样点添加或更新到相应采样池中，当需要采样时，ChooseTarget 操作以概率 p_{pool} 从中随机选择采样点。

优良的候选采样点可能会有不同的定义。在 RRT-Connect++的实现中，由 Connect 操作生成的节点被认为是优良的候选采样点。对于 T_{init} 来说，T_{goal} 上贪婪扩展过程中的节点是优良的候选采样点，原因是：①根据邻近（vicinity）原则可知，这些节点的邻近区域是无碰撞区；②若选这些节点作为随机点，一旦顺利到达，可行路径便找到，同时也极大程度避免了两棵树"擦肩而过"的情况，从而提高寻找路径的效率；③对 T_{goal} 来说则增加了路径转向的概率，从而提高获得更优化路径的可能性。因此，应该将这些节点作为候选的随机状态加入到采样池 SP_{init} 中。同理，将 T_{init} 上贪婪扩展过程中的节点作为 T_{goal} 采样的候选状态加入采样池 SP_{goal} 中。需要指出的是，在实现中为降低内存的使用，算法给采样池的容量设置一个上限，当采样池满时用新优良候选状态代替旧的。

2.　从未探索区选择随机点

未探索区域中的状态是另一类优良的候选采样点，因为它们能引导生成树探索未知空间，对生成树的生长起到积极的作用。然而，随着树不断扩展，未探索区不断缩小，若继续采用在整个空间中均匀随机采样，未探索区中的状态被采到概率将逐渐减小。为此有必要将采样点适当地限制在未探索区，让生成树对未探索区保持强劲的探索能力。

鉴于显式而准确地解析表达未探索区非常困难，我们采用一种隐式近似的方法来判定一个状态是否在未探索区。由于一般的运动规划问题通常是高维度，采用数学函数解析表达未探索区是件极具挑战的事情，事实上，即便是定义生成树所占据的"体积"也非常困难。所幸的是，采用一种隐式近似的方法可绕开这些困难，同时又能充分地表达从未探索区采样的核心思想。这种隐式近似的方法是：如果已生成的 RRT 任意一个节点 x 到采样点 x_{target} 的距离均大于某个阈值 R，即满足式（7.2），则可认为该采样点在未探索区。虽然此方法未能精确表达未探索区，但经试验后我们发现其非常有效，图 7.4 进一步直观地展示此概念。在改进算法 RRT-Connect++ 的 ChooseTarget 操作中，以一定的概率从未探索区中选取一个采样点。

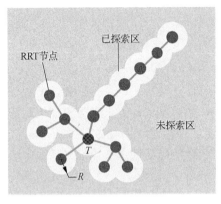

图 7.4　未探索区示意图

$$\forall x \in T \text{并且} \mathrm{Dist}(x_{target}, x) > R \tag{7.2}$$

3. 基于采样池及未探索空间的随机点采样策略实现

由此可得 ChooseTarget 操作的实现，其伪代码如函数 7.4 所示。其中，SP 为采样池，rand() 为取随机数函数（返回 0～1 的实数），RandomState() 为均匀随机采样函数，T->NearestNode(State, dNearestDist) 是从生成树 T 中选择距离 State 最近的节点并返回对应的距离值。从函数 7.4 中可以看出，采样分为从未探索区采样和从采样池采样两部分。需要特别指出的是从未探索区采样策略的实现，其中，从未探索区采样策略的实现方法如下：考虑到选择最近邻节点占据整个算法时间的大部分，并且随着树节点的不断增加，每次迭代中该操作耗费的时间也在不断增加，在此，我们采用 Yershova 等提到的方法[28]，采用 KD-tree 作为二级数据结构组织生成树节点以提高选择最近邻节点的效率。具体地，利用 KD-tree 数据结构组织生成树中的节点，代表已探索过的空间，采样时先选取树中距采样点最近的节点并计算它们之间的距离，若它们的距离大于阈值 R，则认为该采样点落在未知空间中，采样点有效，否则，继续采样直到它们的距离大于阈值 R。

函数 7.4：

```
ChooseTarget( T, SP )
{
```

```
n = SP.size();
p = rand();
if( n < 20 || p > p_pool )      // 从未探索区采样
{
    do
    {
        State = RandomState();
        pNode = T->NearestNode( State, dNearestDist );
    }while( dNearestDist < R );
}
else     // 从采样池采样
{
    rv = rand();
    nid = (int)(rv * (n-1));
    State = SP[nid];
}
return State;
}
```

7.2.4　仿真实验

本节将采用几个不同的测试案例验证本章算法的性能。在各个测试案例中，本章算法均与原始 RRT-Connect、RRT-ExtExt、hRRT、ADDRRTs 和 Multi-RRTs 等 RRT 算法的变种进行比较。所有算法采用 KD-tree 作为树的二级数据结构提高选择节点的效率，采用 C++语言实现，所用的碰撞检测库是 PQP，所用测试运行在 Core2 2.0GHz 处理器、内存为 1GB、操作系统为 Windows XP 的笔记本电脑上。需要指出的是，在所有的测试中 RRT- Connect++算法中的参数 p_{pool}、k、R 分别为 0.3、5、5，而 Multi-RRTs 算法中扩展树的数量设为 8。所有算法均独立运行 100 次，设置每次运行的迭代次数为 15000 次。

案例 1：汽车在不同障碍物密度的环境寻找路径

为了检验算法在不同障碍物密度环境中的性能变化，故特意构造此汽车运动规划案例。此案例中，汽车的行走需要满足非完整运动学约束，此约束可用如下非线性微分方程描述：

$$\begin{cases} x = v\cos\theta \\ y = v\sin\theta \\ \theta = v\tan\varphi / L \end{cases} \qquad (7.3)$$

式中，x 和 y 为汽车的坐标；θ 为车身方向角；v 为线速度；L 为车身长；φ 为前轮方向驱动角。我们假定车身长 L 为定常值，$x \in (-30, 140)$，$y \in (0, 100)$，$\theta \in (-\pi, \pi)$，$\varphi \in \left(-\dfrac{\pi}{12}, \dfrac{\pi}{12}\right)$。为此，采用式（7.3）中的 x、y 和 θ 共同描述汽车的状态；线速度 v 和驱动角 φ 共同描述汽车的输入（动作）。本案例采用欧几里得距离作为汽车状态空间的距离度量。

因此，本案例的运动规划问题可描述为：一个大小为 170m×100m 的场地，给定汽车的起始状态 I(80.0, 90.0, 3.14) 和目标状态 G(32.0, 8.0, -1.57)，让算法在五个障碍物密度不同的场景规划一条从起始状态 I 到目标状态 G 的行走路径，如图 7.5 所示。

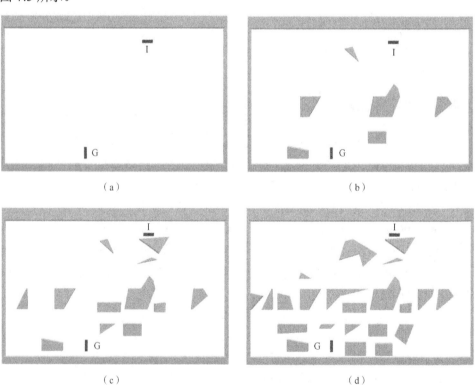

（a）　　　　　　　　　　　　　　（b）

（c）　　　　　　　　　　　　　　（d）

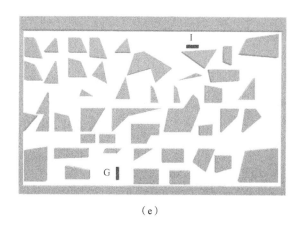

（e）

图 7.5 案例 1 中不同障碍物密度的汽车运动规划环境

在案例 1 中各算法的规划时间随障碍物密度增加的变化曲线如图 7.6 所示。从图 7.6 中可以看出，所有算法的规划时间均随着障碍物增多而增加，同时可以发现在前四个环境中 RRT-Connect++算法的规划时间明显比其他算法少而在第五个环境中仅比 Multi-RRTs 算法长一点。相比之下，hRRT 算法和 ADDRRTs 算法因单树扩展使得其耗费很长的时间才能获得一条可行的路径。各算法所得路径的长度如图 7.7 所示，从图中可知 RRT-Connect++算法在各环境中生成的路径明显比 RRT-Connect 算法和 Multi-RRTs 算法得到的路径要短，跟 RRT-ExtExt 算法、hRRT 算法、ADDRRTs 算法得到的路径几乎一样短。因此，综合考虑，在此案例中 RRT-Connect++算法的性能优于其他算法。

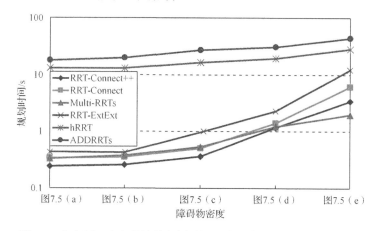

图 7.6 在案例 1 中各算法的规划时间随障碍物密度增加的变化曲线

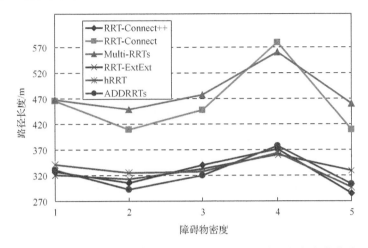

图 7.7　在案例 1 中各算法的路径长度随障碍物密度增加的变化曲线

案例 2：汽车在狭小通道的环境寻找一条优化的行走路径

为了验证本章算法在布满狭小通道的环境中的表现，我们构造了此案例。此案例与案例 1 差不多，即汽车所需满足的运动学约束、初始状态、目标状态均与案例 1 一样，所不同的是规划路径的环境，此案例的环境如图 7.8 所示。从图 7.8 中可以看出，汽车需要经过 4 个狭小的通道才能从初始状态到达目标状态，这对基于随机采样的运动规划算法极具挑战性。

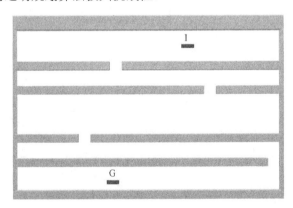

图 7.8　案例 2 的环境

案例 2 的测试结果见表 7.1。从表 7.1 中我们可以看到，只有 Multi-RRTs 算法的成功率是 100%（运行 100 次，成功找到路径 100 次），像 RRT-ExtExt、RRT-Connect 和 RRT-Connect++ 这类双向扩展的算法只有大概 50 次能找到可行路径，hRRT 和 ADDRRTs 这类单棵树扩展的算法更是在 100 次规划中全部以失败告终。从而可以得出，对于含有许多狭小通道的运动规划问题，大部分基于 RRT 的算法表现不佳。与 Multi-RRTs 算法相比，本章算法失败次数更多、规划时间更长一点，但在路径长度方面本章算法更优一些。而与原始的 RRT-Connect 算法相比，RRT-Connect++算法不管是在规划时间还是路径长度上都要更胜一筹，这主要得益于未探索空间采样策略和回归约束策略。因此，总的来说本章算法在狭小通道的环境中表现还算不错。

表 7.1 案例 2 的测试结果

算法	规划时间/s	路径长度	树节点数量	碰撞检测次数	成功次数
RRT-Connect++	16.7	1109.9	1749.0	68210.2	50
RRT-Connect	17.1	1296.1	2114.6	82945.5	38
Multi-RRTs	12.7	1308.2	2113.2	61475.8	100
RRT-ExtExt	28.2	954.4	3033.5	116213.7	52
hRRT	43.8	—	3165.7	105000.0	0
ADDRRTs	186.4	—	3020.7	105000.0	0

案例 3：动力学刚体在平面中寻找运动路径

为了验证本章算法处理带动力学约束运动规划问题的能力，本小节给出测试案例 3。在本案例中，一个二维的刚体可在平面上滑动，其动力学可由式（7.4）描述：

$$\begin{cases} \dot{x} = v_x \\ \dot{y} = v_y \\ \dot{\theta} = \omega \\ \dot{v}_x = F\cos\varphi / m \\ \dot{v}_y = F\sin\varphi / m \\ \dot{\omega} = N / I \end{cases} \quad (7.4)$$

式中，x 和 y 为刚体的坐标；θ 为刚体方向角；v_x 和 v_y 分别为线速度在 X 轴和 Y 轴上的分量；ω 为刚体的角速度；F 为作用力的大小；φ 为方向驱动角；m 为刚体的重量；N 为过质心的力矩；I 为刚体的惯性矩。其中的 x、y、θ、v_x、v_y 和 ω 变量共同构成了刚体的状态；力矩 N 和驱动角 φ 共同描述汽车的输入（动作）。在此，我们假定 F、m、I 为常量，$x\in(-30,140)$，$y\in(0,100)$，$\theta\in(-\pi,\pi)$。

因此，本案例的运动规划问题可描述为：在一个大小为 170m×100m 的场地，给定汽车的起始状态 I(20.0, 88.0, 3.14, 0.0, 0.0, 0.0)和目标状态 G(78.0, 8.0, -1.57, 5.0, 5.0, 1.0)，让算法在布满障碍的平面规划一条从起始状态 I 到目标状态 G 的运

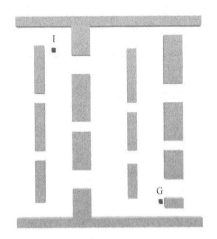

图 7.9 案例 3 的运动规划环境

动路径，如图 7.9 所示。

案例 3 的测试结果见表 7.2。规划时间、路径长度、树节点数量、碰撞检测次数均是成功找到路径的平均值。从表 7.2 中可以看出，hRRT 算法和 ADDRRTs 算法所生成的路径比本章算法稍优一点，但它们的规划时间是本章算法的数倍；Multi-RRTs 算法虽然在规划时间方面与本章算法相近，但其所规划出来的路径几乎是本章算法的两倍；而 RRT-Connect 算法和 RRT-ExtExt 算法不管在规划时间上还是在路径长度上均要比 RRT-Connect++算法差。这反映了本章算法能在较短的时间内生成一条较优的路径。此外，从表中还可以看到，RRT-Connect++算法在规划中生成更少的节点、进行更少的碰撞检测，这也从另一个侧面隐含着本章算法有更好的性能。所以，总的来说本章算法在本案例中的表现要优于其他几种 RRT 的变种。

表 7.2 案例 3 的测试结果

算法	规划时间/s	路径长度	树节点数量	碰撞检测次数	成功次数
RRT-Connect++	9.66	579.6	690.7	130989.0	100
RRT-Connect	16.78	875.0	1199.4	230711.4	100
Multi-RRTs	10.17	1113.8	638.0	147020.8	100
RRT-ExtExt	23.00	599.9	1823.2	313267.3	100
hRRT	59.86	544.8	3549.3	626533.1	62
ADDRRTs	48.8	536.4	3309.0	563264.5	42

以上案例测试结果显示，本章算法的总体性能通常优于其他几种算法，几乎总是能在较短的时间内获得一条次优的路径。尤其是与原始 RRT-Connect 算法相比，RRT-Connect++算法不管是在路径质量还是规划时间上几乎总是更优。其主要原因是仅在 RRTs 扩展的过程中收集先验信息并在后续的迭代中加以利用，而没有加入复杂耗时的操作。

综上，本小节针对 RRT-Connect 算法所得路径不优的问题，对其进行了改进，提出了基于先验信息的新运动规划算法 RRT-Connect++。该改进算法 RRT-Connect++充分利用先验信息引导生成树向高质量区域生长，最终在不损失效率的前提下生成较优路径。通过各种不同类型的运动规划仿真实验展示 RRT-Connect++算法的性能，结果表明改进算法均表现出良好的性能，总体来说均优于其他算法。仅与原始 RRT-Connect 算法对比，在路径质量方面 RRT-Connect++算法几乎总是有较大的提升，而且并没有增加更多的计算时间，相反甚至可能耗费更少的计算时间。RRT-Connect++算法的成功主要得益于该算法没有额外增加过多的操作，只是将生成树生长过程中的信息组织起来并用以更好地引导生成树的生长。该改进算法的主要优势包括如下几点：①保持 RRT-Connect 算法的高效性同时极大提升了路径的质量；②很好地保持了 RRT 处理微分约束的简便性，无须重新设计类似 Steer 操作的局部规划器；③可以很容易扩展为 Anytime 版本，使其每次均得到比上一次更优的路径；④由于该算法的高效性，可将其应用于实时运动规划中。此外，值得一提的是，改进算法中的生成树扩展策略和随机采样策略可应用到其他基于 RRT 的算法中。

7.3 单机吊装运动规划的数学模型

尽管吊装运动规划问题可在三维直角坐标系空间进行描述，但实际上其也存在于另一个空间中，此空间即所谓的位形空间（configuration space，C-Space）。关于 C-Space 的详细介绍参见文献[39]。我们将采用基于 RRT 算法在 C-Space 中搜索吊装动作序列，为此，吊装运动规划具体可形式化描述为

$$P = (S, \mathrm{Obs}, q_{\mathrm{picking}}, q_{\mathrm{placing}}, U, f_{\mathrm{col}}, f_{\mathrm{lft}}, f_{\mathrm{kin}}) \qquad (7.5)$$

式中，S 为起重机位形空间搜索区，为 R^n 的子集，不同类型的起重机，其位形空间的维度 n 会不同；Obs 为吊装环境中的障碍物三维碰撞模型；q_{picking} 和 q_{placing} 分别为起重机的起吊位形、就位位形（即动作序列的起点、终点）；U 为起重机的动作集，不同类型的起重机有不同的动作集，比如履带起重机的动作集包括落钩、升钩、左回转、右回转、向上变幅、向下变幅、向前直行、向后直行、左转向、右转向及以上动作的复合动作等；f_{col} 为碰撞检测函数，用以判断某个位形是否发生碰撞；f_{lft} 为起重性能约束函数，用以判断某个位形是否超载；f_{kin} 为起重机的非完整运动学约束，起重机的动作必须满足此约束。

7.4 单机吊装运动规划算法设计

7.4.1 算法的总体流程

在 RRT-Connect++算法的基础上，本小节设计单台履带起重机吊装运动规划算法的总体流程，如图 7.10 所示。

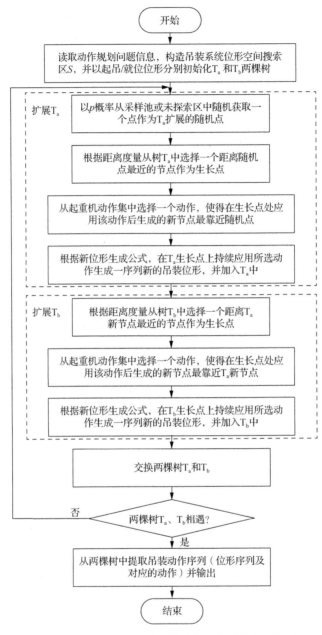

图 7.10　基于 RRT-Connect++算法的单台履带起重机吊装运动规划流程

首先读入吊装环境模型、被吊物模型及重量、起重机模型及起重性能、起吊/
就位位形等动作规划问题相关信息，按照上述的方法构建位形空间搜索区 S，并
将这些信息传入 RRT-Connect++规划器。然后规划器分别以起吊位形和就位位形

初始化两棵树 T_a、T_b，最后规划器迭代交替地扩展两棵树：T_a 努力地向未探索区扩展，而 T_b 则努力地向 T_a 靠近，当两棵树相遇时，吊装动作序列便已找到，若迭代到最大次数后还未找到动作序列，则宣告规划失败。

迭代地生长树是此动作规划方法的核心，图 7.11 展示了在某次迭代中两棵树生长的过程。在图 7.11（a）中，首先，根据 RRT-Connect++算法的采样策略，q_r^a 被选中作为 T_a 的随机点；然后依据上述的距离度量选择 q_g^a 作为 T_a 的生长点；接着从起重机动作集中选择合适的动作并持续按照新位形生成公式从 T_a 扩展出 3 个节点，到达 q_{newest}^a，再继续扩展就碰到障碍物了；接下来 q_{newest}^a 被选作 T_b 的随机点，最后 T_b 采用同样的方式向 T_a 扩展出两个节点，如图 7.11（b）所示。

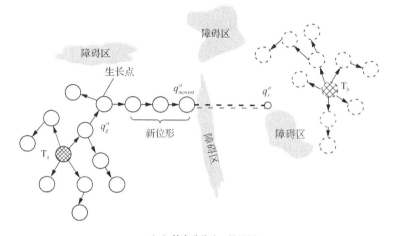

（a）某次迭代中 T_a 的扩展

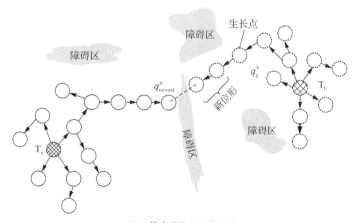

（b）某次迭代中 T_b 的扩展

图 7.11　某次迭代中两棵树的扩展

7.4.2 吊装系统位形空间

位形空间定义是基于 RRT 算法进行吊装运动规划的首要任务，此小节将给出位形空间的定义。吊装过程中由起重机和被吊物组成的系统，我们称之为吊装系统。为便于研究，本章所讨论的起重机为履带起重机超起主臂工况，其构型如图 7.12 所示。从图 7.12 中可以看到，履带起重机的工作机构原理非常复杂，有直行、转弯、转台回转、变幅、起升、吊钩旋转等动作。根据起重机吊装的特点，可以把起重机看成由下车、转台、臂架、吊钩、被吊物五部分组成的移动式机械臂，各部分由相应的关节连接。下车与转台、转台与臂架用转动副连接分别实现回转和变幅动作；臂架与吊钩用移动副连接；由于在被吊物就位时常常需要人力旋转被吊物以通过狭小空间，本章将吊钩与被吊物用转动副连接以实现吊钩旋转。

在吊装运动规划研究中我们假定履带起重机各部件不会发生变形并且起升绳始终竖直（即忽略起升绳的偏摆）。这样，吊装系统任意静止平衡的工作状态均可以用一个七维向量 $q = (x, z, \alpha, \beta, \gamma, h, \omega)$ 描述，如图 7.13 所示。其中 (x, z) 为起重机下车的坐标；α 为下车的方向角；β 为转台的回转角；γ 为臂架仰角，取值范围通常为 $[0, \pi/2]$，具体由吊装重量及起重性能表决定；h 为起升绳长度，取值范围由臂长和臂架仰角决定；ω 为吊钩旋转角，取值范围通常为 $[-\pi, \pi)$。为此，本章将由该向量所描述的七维空间定义为吊装系统的位形空间。

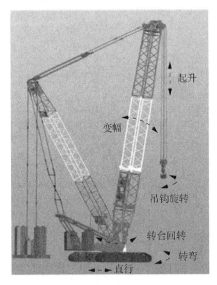

图 7.12　起重机构型及动作

图 7.13　吊装系统位形

为了构造吊装系统位形空间的搜索区，我们需要确定位形 q 中各个变量的取值范围。其中，(x, z) 的取值范围由吊装场地决定，具体分别为 $[x_{\min}^{\text{site}}, x_{\max}^{\text{site}}]$ 和

$[z_{\min}^{\mathrm{site}}, z_{\max}^{\mathrm{site}}]$，这是一个起重机可能站位的矩形区；$\alpha$ 定义为下车与 X 轴的夹角，因而其取值范围是 $[-\pi, \pi]$；转台可 360° 回转，因此回转角 β 的取值范围也是 $[-\pi, \pi]$；臂架仰角 γ 的取值范围可由吊装重量及起重性能表确定，可表示为 $[\gamma_{\min}(w), \gamma_{\max}(w)]$；起升绳长度 h 的取值范围由臂长和臂架仰角决定，可定义为 $[h_{\mathrm{lmt}}, h_{\max}(\gamma)]$，其中 h_{lmt} 为起重机的限位高度，而 $h_{\max}(\gamma)$ 为起升滑轮组到地面的高度；吊钩可 360° 旋转，所以其取值范围是 $[-\pi, \pi]$。因此，吊装系统位形空间的搜索区 S 可描述为式（7.6），算法将在此七维空间 S 中搜索吊装动作序列。

$$S = \begin{bmatrix} x_{\min}^{\mathrm{site}} & x_{\max}^{\mathrm{site}} \\ z_{\min}^{\mathrm{site}} & z_{\max}^{\mathrm{site}} \\ -\pi & \pi \\ -\pi & \pi \\ \gamma_{\min}(w) & \gamma_{\max}(w) \\ h_{\mathrm{lmt}} & h_{\max}(\gamma) \\ -\pi & \pi \end{bmatrix} \quad (7.6)$$

7.4.3 位形间距离度量定义

在基于 RRT 的规划算法中，位形空间中两位形间的距离度量是一个重要的评判工具，在选择生长点和选择最优动作的操作中均用到距离度量。单从数学角度来说，对于任意的 n 维空间中任意两点间的距离有多种定义形式，比如欧几里得度量、曼哈顿度量、L_∞ 度量等。但这些定义形式并不能很好地表达吊装动作序列的长度（代价）。为了统一角度（方向角 α、回转角 β、臂架仰角 γ、吊钩旋转角 ω）和长度 [起重机位置坐标 (x,z) 及起升绳长度 h] 的量纲，我们将两位形间的距离定义为两位形变迁引起被吊物运动的轨迹长度，具体见式（7.7）。其中，$q_i = (x_i, z_i, \alpha_i, \beta_i, \gamma_i, h_i, \omega_i)$ 和 $q_{i+1} = (x_{i+1}, z_{i+1}, \alpha_{i+1}, \beta_{i+1}, \gamma_{i+1}, h_{i+1}, \omega_{i+1})$ 分别为位形空间中两个位形，r 为作业半径，l_z 为臂长，l_S 为被吊物长度。这种距离定义形式将位形中的长度量纲和角度量纲巧妙地统一起来，较好地表达吊装动作序列长度，并且给距离度量赋予了直观的物理意义。

$$d(q_i, q_{i+1}) = |x_{i+1} - x_i| + |z_{i+1} - z_i| + |r(\alpha_{i+1} - \alpha_i)| + |r(\beta_{i+1} - \beta_i)| \\ + |l_z(\gamma_{i+1} - \gamma_i)| + |h_{i+1} - h_i| + |l_S(\omega_{i+1} - \omega_i)| \quad (7.7)$$

设搜索到的动作序列 Path 中各途径节点分别为 $q_0, q_1, \cdots, q_{n-1}$，则该条动作序列的长度可定义为

$$L(\mathrm{Path}) = \sum_{i=0}^{n-1} d(q_i, q_{i+1}) \quad (7.8)$$

7.4.4 履带起重机非完整运动学约束处理

履带起重机的基本动作主要有行走、转弯、回转、变幅、起升及人为的吊钩旋转。后四个动作仅需要满足完整运动学约束，而行走和转弯是通过两条履带的驱动轮带动履带转动实现，属于典型的差分驱动，起重机能够在不同的曲率半径的圆弧或直线上运动，也能够原地转向，但不能沿着履带的垂直方向运动。因此，行走和转弯需要满足非完整运动学约束。因起重机运动局限在平面上，故行走和转弯的运动学模型如图 7.14 所示。

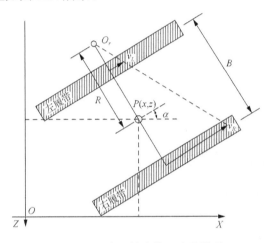

图 7.14 行走和转弯的运动学模型

在图 7.14 中，XOZ 为世界坐标系，O_r 为履带起重机的转弯中心，点 $P(x,z)$ 为起重机的位置坐标，α 为履带的方向角（世界坐标系下 X 轴到正向的角度），v_L、v_R 分别是左右履带的线速度，B 为左右履带的轨距。若不考虑履带打滑，则起重机的行走和转弯所满足运动学约束可描述为式（7.9）和式（7.10），其中 R 为转弯半径。v_L、v_R 同向并大小相等时，履带起重机直线行走；当 v_L、v_R 反向并大小相等时，履带起重机原地转向；当 v_L、v_R 同向并大小不等时，履带起重机以 R 为转弯半径为进行转向。

$$\begin{cases} \dot{x} = \dfrac{1}{2}(v_R + v_L)\cos\alpha \\[2mm] \dot{z} = -\dfrac{1}{2}(v_R + v_L)\sin\alpha \\[2mm] \dot{\alpha} = \dfrac{1}{2R}(v_R + v_L) \end{cases} \qquad (7.9)$$

$$R = \frac{B(v_R + v_L)}{v_R - v_L} \qquad (7.10)$$

只要能将起重机的非完整运动学约束构造成一个状态转移方程，基于 RRT 的动作规划算法便能容易地处理此类非完整运动学约束。本章采用式（7.11）描述起重机的动作，其中 $\Delta\beta$、$\Delta\gamma$、$\Delta\omega$ 分别为回转、变幅、吊钩旋转的角速度，而 Δh 为起升的线速度。这样，表达起重机非完整运动学约束的状态转移方程可表达为式（7.12），而一个新的位形 q_{new} 便可通过积分获得，见式（7.13）。

$$u = \left[v_L, v_R, \Delta\beta, \Delta\gamma, \Delta h, \Delta\omega\right]^T \qquad (7.11)$$

$$\dot{q} = f(q,u) = \begin{bmatrix} 0.5(v_R + v_L)\cos\alpha \\ -0.5(v_R + v_L)\sin\alpha \\ 0.5(v_R + v_L)/R \\ \Delta\beta \\ \Delta\gamma \\ \Delta h \\ \Delta\omega \end{bmatrix} \qquad (7.12)$$

$$q_{new} = g(q,u) = q + \dot{q}\Delta t \qquad (7.13)$$

7.5　吊装运动规划仿真实验

本节给出三个测试案例以验证基于 RRT-Connect++算法的履带起重机吊装运动规划方法的可用性、有效性及高效性。所有案例的测试仿真均在自主开发的起重机吊装运动规划平台上进行，所有的数据在 CPU 为 2.0GHz、内存为 1GB 的 Thinkpad T60 笔记本电脑上获得。

7.5.1　有效性验证

为了验证本章规划方法的有效性，我们构建三个吊装案例以检查该方法规划的效果。这三个吊装案例如图 7.15 所示，图中的 A 为被吊物起吊时放置的位置，B 为被吊物就位位置，需要选用一台起重机并规划一条能安全地将被吊物从 A 搬运到 B 的吊装动作序列。这三个案例均以利勃海尔的 LR1400-2 履带起重机作为吊装机器，其工况为标准型，臂长为 49m。本章算法在此三个吊装案例上某次的规划结果如图 7.16 所示，其中虚线表示的曲线为下车行走的轨迹，实线表示的曲线为吊点的轨迹，轨迹两端显示的是吊装系统的起吊状态和就位状态。

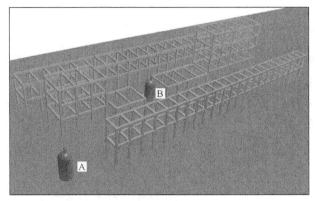

（a）案例1

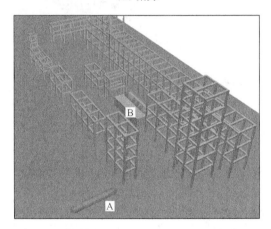

（b）案例2

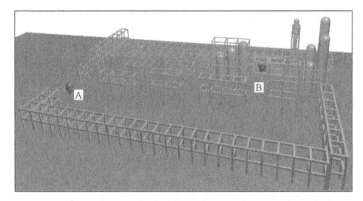

（c）案例3

图 7.15　三个吊装案例

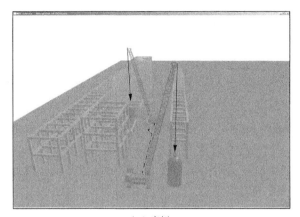

（a）案例1

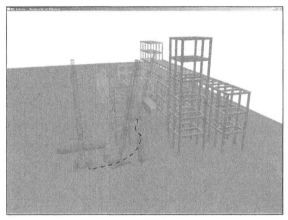

（b）案例2

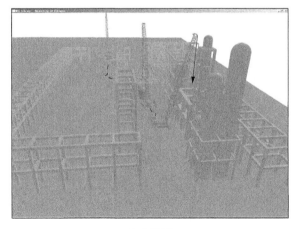

（c）案例3

图 7.16 三个吊装案例动作规划结果

案例 1 中，吊装环境较为简单，本章算法仅用 0.78s 便成功找到一条无碰撞的吊装动作序列，并且动作序列很不错，无太多不必要的动作。在案例 2 中，起重机需要从两排钢架的入口进到两排钢架之间才能完成吊装，同时由于钢架相距较近而被吊物太长，为避免碰撞吊装过程中必须通过旋转吊钩才能顺利进入两排钢架之间，因此，在这种情况下规划吊装动作序列是一件困难的工作。对此，本章算法也仅用 11.6s 规划得到一条无碰撞的可行吊装动作序列，从图 7.16（b）中可以看出，除了动作序列的起点和终点附近稍微有点不优化外，中间部分的动作序列还是比较优化的，能通过吊钩的旋转成功地规避障碍。案例 3 是一个吊装环境异常复杂的例子，起重机需要从场区一个钢架结构的入口将被吊物吊起，然后通过中间那排钢架结构的某个缺口将被吊物搬运到两排相距很近的钢架结构之间，最后从一个钢架结构的顶部将被吊物放入内部。对此极具挑战的任务，本章算法也成功地规划生成一条可行的吊装动作序列，耗时为 18.8s。从图 7.16（c）中可以看到，起重机在两排相距很近的钢架结构之间行走过程，有一段动作序列上车多做了一些没有必要的回转动作，但除此之外，其他部分的动作序列是可以接受的。

综上所述，各种吊装环境中，本章算法均能在较短时间内成功地找到一条满足碰撞约束、起重性能约束及非完整运动学约束的可行吊装动作序列。并且从图 7.16 显示的规划结果来看，本章算法所规划得到的吊装动作序列可直接或稍作修改后用到实际的吊装中。

7.5.2　算法性能对比

为了考察本章算法的性能，本小节将本章算法与 RRT-ExtExt、RRT-Connect、hRRTDual 等 RRT 变种算法进行对比。其中 RRT-ExtExt 是原始的双向 RRT，RRT-Connect 是采用多步扩展策略的贪婪双向 RRT，而 hRRTDual 是 hRRT 的双向扩展版本。在所有的算法中均采用 KD-tree 作为二级数据结构以提高选择生长点的效率。从规划时间、动作序列长度、树节点数量、碰撞检测次数方面评价算法的性能，使用以上三个案例对各算法进行测试。表 7.3 显示了测试结果，其中的数据是算法独立运行 100 次的平均值。

表 7.3　各算法性能对比

规划问题	算法	规划时间/s	动作序列长度	树节点数量	碰撞检测次数
案例 1	RRT-ExtExt	35.4	1115.5	5097.5	39341.6
	RRT-Connect	6.4	1603.9	939.9	1040.5
	hRRTDual	37.1	1121.5	4844.5	39381.3
	本章算法	1.6	1078.8	379.6	324.1

续表

规划问题	算法	规划时间/s	动作序列长度	树节点数量	碰撞检测次数
案例 2	RRT-ExtExt	212.8	1254.0	15408.0	146145.0
	RRT-Connect	18.9	1775.0	2832.9	38833.8
	hRRTDual	314.6	1326.9	16234.6	156359.9
	本章算法	11.2	1185.9	2227.9	26508.6
案例 3	RRT-ExtExt	366.8	702.4	13503.9	120210.6
	RRT-Connect	38.3	1007.3	1722.8	21314.2
	hRRTDual	293.9	686.3	13931.7	128848.1
	本章算法	20.0	674.1	1222.5	14206.1

在动作序列长度方面，本章算法也并不逊色于其他三种算法，比 RRT-Connect 所得动作序列优化不少。此外，本章算法在规划中生成更少的节点、进行更少的碰撞检测，这也从另一个侧面说明了规划时间更短的原因。因此，总的来说，本章算法比其他三种算法具有更优的性能，这主要得益于 RRT-Connect 算法中从采样池或未探索空间采样的策略和隔 k 步扩展策略。

7.6   结果讨论

从仿真实验结果可以看出，本章所提出的吊装运动规划算法能在各种吊装环境中快速成功地找到一条无碰撞的可行吊装动作序列，并且在性能上均优于 RRT-ExtExt、RRT-Connect、hRRTDual 三种算法。除此之外，有两点非常值得一提：①通过适当地缩小吊装系统位形空间和限制起重机的动作，算法可能会得到更优的吊装动作序列，并且规划时间更短。下面以案例 1 为例说明通过适当限制起重机动作以生成更优动作序列。从案例 1 中的起吊位形、就位位形及作业环境可知，在规划中起重机的转弯、吊钩旋转是没有必要的，为此我们可以仅将直行、回转、变幅、起升放到动作集中，在这种情况下再应用本章所提出的算法进行吊装运动规划，某次规划算法仅用 0.26s 即可生成一条无碰撞的可行吊装动作序列，如图 7.17 所示，从图中可以看出，所得的吊装动作序列已接近最优。②对于同一吊装运动规划问题，该算法每次运行后可能都会生成一条不同的吊装动作序列，即算法规划的结果具有随机性和概率性，这是因为该算法属于基于随机采样动作规划算法。但毫无疑问，所得的吊装动作序列都是可行的。

需要特别指出的是，本章所提出的吊装运动规划算法在当前吊装工程实践的许多方面有着许多潜在的应用前景，具体概括如下：

（1）可用于制作实际吊装前吊装仿真。众所周知，吊装仿真可以提前识别潜在的风险，也可用于吊装工艺交流。然而，在复杂作业环境下完全依靠经验人工制作吊装仿真是一件耗时而容易出错的工作，而且在设计吊装方案过程中作业环境和起重机站位等信息经常会发生变化，这些信息一旦发生变化，相应的吊装仿真就需要完全重做。尤其在那些包含数以百计设备吊装的工程中，采用这种方法制作吊装过程显然是非常不现实的。由于本章所提出的算法具有快速自动生成吊装运动规划的特点，吊装方案设计人员可以采用该方法制作吊装仿真。

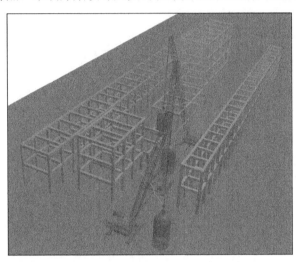

图 7.17　限制转弯和吊钩旋转后得到的吊装动作序列

（2）可用于识别潜在可行的起重机站位。起重机站位和吊装过程是密不可分的，单纯考虑起重机站位没有任何意义，只有吊装过程可行的起重机站位才是有效的站位。而起重机站位和吊装过程实际上分别就是本章所提出算法的起吊/就位位形和吊装动作序列，因此，吊装方案设计人员可以采用该算法对给定的起重机站位进行校验，若能找到吊装动作序列，则给定的起重机站位可行。而且，若吊装动作序列非常好，则在一定程度上说明该站位较优。

（3）为自主机器人起重机的研发奠定基础。就目前来说，本章所提出的算法主要用来规划安全的吊装过程，但是为了能在人无法涉足的恶劣环境（如 2011 年泄漏的福岛核电站）中进行吊装，未来必须要求自主的机器人起重机，吊装运动规划是自主机器人起重机的核心组成部分，因此，本章所提出的算法结合智能感应技术和先进控制技术，可以为自主机器人起重机研发提供关键技术。

7.7　小　　结

本章提出了一种考虑行走的单台履带起重机吊装运动规划算法。首先对规划问题进行了数学建模，并设计了吊装运动规划算法总体流程，给出了吊装系统位形空间的定义、两位形间的距离度量、履带起重机非完整运动学约束的表达，最后通过三个仿真实验验证算法的有效性和性能，结果表明所提出的吊装运动规划算法能在各种复杂吊装环境中找到一条同时满足碰撞约束、起重性能约束及履带起重机行走的非完整运动学约束的可行吊装动作序列。与现有的吊装运动规划研究成果相比，将履带起重机的行走考虑到吊装运动规划中，构建履带起重机的非完整运动学模型，并通过状态转移方程将其嵌入改进的动作规划算法中，使所得吊装动作序列更加自然、平滑。此外，在距离度量中，将两位形变迁引起被吊物运动的轨迹长度定义为两位形间的距离，这种距离定义形式将位形中的长度量纲和角度量纲巧妙地统一起来，较好地表达吊装动作序列长度，并且赋予距离度量直观的物理意义，避免了为位形的每个分量设置权重系数。

参 考 文 献

[1] Sivakumar P L, Varghese K, Babu N R. Automated path planning of cooperative crane lifts using heuristic search[J]. Journal of Computing in Civil Engineering, 2003, 17(3): 197-207.

[2] Reddy H R, Varghese K. Automated path planning for mobile crane lifts[J]. Computer-Aided Civil and Infrastructure Engineering, 2002, 17(6): 439-448.

[3] Reddy H R. Automated path planning of crane lifts[D]. Madras: Indian Institute of Technology, 1997.

[4] Wang X, Zhang Y Y, Wu D, et al. Collision-free path planning for mobile cranes based on ant colony algorithm[J]. Key Engineering Materials, 2011, 467: 1108-1115.

[5] 张玉院. 移动式起重机无碰撞路径规划的设计与实现[D]. 大连: 大连理工大学, 2010.

[6] Deen Ali M S A, Babu N R, Varghese K. Collision free path planning of cooperative crane manipulators using genetic algorithm[J]. Journal of Computing in Civil Engineering, 2005, 19(2): 182-193.

[7] Chang Y C, Hung W H, Kang S C. A fast path planning method for single and dual crane erections[J]. Automation in Construction, 2012, 22: 468-480.

[8] Zhang C, Albahnassi H, Hammad A. Improving construction safety through real-time motion planning of cranes[C]. The International Conference on Computing in Civil and Building Engineering, 2010.

[9] Zhang C, Hammad A, Albahnassi H. Path re-planning of cranes using real-time location system[C]. 26th International Symposium on Automation and Robotics in Construction (ISARC 2009), 2009.

[10] Oommen B, Iyengar S, Rao N, et al. Robot navigation in unknown terrains using learned visibility graphs. Part I: The disjoint convex obstacle case[J]. IEEE Journal of Robotics and Automation. 1987, 3(6): 672-681.

[11] Canny J. A Voronoi method for the piano-movers problem[C]. 1985 IEEE International Conference on Robotics and Automation, St. Louis, MO, USA, 1985.

[12] Parsons D, Canny J. A motion planner for multiple mobile robots[C]. 1990 IEEE International Conference on Robotics and Automation, Cincinnati, OH, 1990.

[13] Chen D Z, Szczerba R J, Jr Uhran J J. A framed-quadtree approach for determining Euclidean shortest paths in a 2-D environment[J]. IEEE Transactions on Robotics and Automation, 1997, 13(5): 668-681.

[14] Lee T, Baek S, Choi Y, et al. Smooth coverage path planning and control of mobile robots based on high-resolution grid map representation[J]. Robotics and Autonomous Systems, 2011, 59(10): 801-812.

[15] Papadatos A. Research on motion planning of autonomous mobile robot[R]. DTIC Document, 1996.

[16] Yershov D S, LaValle S M. Simplicial Dijkstra and A* algorithms for optimal feedback planning[C].2011 IEEE/RSJ International Conference on Intelligent Robots and Systems (IROS), San Francisco, CA, 2011.

[17] Cagigas D. Hierarchical D* algorithm with materialization of costs for robot path planning[J]. Robotics and Autonomous Systems, 2005, 52(2-3): 190-208.

[18] Ferguson D, Stentz A. Using interpolation to improve path planning: The field D* algorithm[J]. Journal of Field Robotics, 2006, 23(2): 79-101.

[19] Dakulovi M, Petrovi I. Two-way D* algorithm for path planning and replanning[J]. Robotics and Autonomous Systems, 2011, 59(5): 329-342.

[20] Hwang Y K, Ahuja N. A potential field approach to path planning[J]. IEEE Transactions on Robotics and Automation, 1992, 8(1): 23-32.

[21] Barraquand J, Latombe J C. Robot motion planning: A distributed representation approach[J]. International Journal of Robotics Research, 1991, 10(6): 628-649.

[22] Bessiere P, Ahuactzin J M, Talbi E G, et al. The Ariadne's clew algorithm: Global planning with local methods[C]. IEEE/RSJ International Conference on Intelligent Robots and Systems, Pittsburgh, PA, 1995.

[23] Kavraki L E, Svestka P, Latombe J C, et al. Probabilistic roadmaps for path planning in high-dimensional configuration spaces[J]. IEEE Transactions on Robotics and Automation, 1996, 12(4): 566-580.

[24] LaValle S M. Rapidly-exploring random trees: A new tool for path planning[R]. The Annual Research Report , 1998.

[25] LaValle S M, Kuffner J J. Rapidly-exploring random trees: Progress and prospects[J]. Algorithmic and Computational Robotics: New Directions, 2000: 293-308.

[26] Kuffner J J, LaValle S M. RRT-connect: An efficient approach to single-query path planning[C]. IEEE International Conference on Robotics and Automation, 2000: 995-1001.

[27] LaValle S M, Kuffner J J. Randomized kinodynamic planning[J]. International Journal of Robotics Research, 2001, 20(5): 378-400.

[28] Yershova A, LaValle S M. Improving motion-planning algorithms by efficient nearest-neighbor searching[J]. IEEE Transactions on Robotics, 2007, 23(1): 151-157.

[29] Yershova A, Jaillet L, Simeon T, et al. Dynamic-domain RRTs: Efficient exploration by controlling the sampling domain[C]. IEEE International Conference on Robotics and Automation, Barcelona, Spain, 2005.

[30] Jaillet L, Yershova A, LaValle S M, et al. Adaptive tuning of the sampling domain for dynamic-domain RRTs[C]. 2005 IEEE/RSJ International Conference on Intelligent Robots and Systems (IROS 2005), 2005.

[31] Wang W, Xu X, Li Y, et al. Triple RRTs: An effective method for path planning in narrow passages[J]. Advanced Robotics, 2010, 24(7): 943-962.

[32] Wang W, Li Y, Xu X, et al. An adaptive roadmap guided Multi-RRTs strategy for single query path planning[C]. 2010 IEEE International Conference on Robotics and Automation (ICRA), 2010.

[33] Urmson C, Simmons R. Approaches for heuristically biasing RRT growth[C].2003 IEEE/RSJ International Conference on Intelligent Robots and Systems (IROS 2003), Las Vegas, 2003.

[34] Ferguson D, Stentz A. Anytime RRTs[C]. 2006 IEEE/RSJ International Conference on Intelligent Robots and Systems, Beijing, China, 2006.

[35] Karaman S, Frazzoli E. Incremental sampling-based algorithms for optimal motion planning[C]. Robotics: Science and Systems, 2010.

[36] Karaman S, Frazzoli E. Sampling-based algorithms for optimal motion planning[J]. International Journal of Robotics Research, 2011, 30(7): 846-894.

[37] Laumond J, Sekhavat S, Lamiraux F. Guidelines in nonholonomic motion planning for mobile robots[J]. Robot Motion Planning and Control, 1998, 229: 1-53.

[38] Kalisiak M, van De Panne M. RRT-blossom: RRT with a local flood-fill behavior[C]. 2006 IEEE International Conference on Robotics and Automation, 2006: 1237-1242.

[39] Loranzo Perez T. Spatial planning: A configuration space approach.[J]. IEEE Transactions on Computers. 1983, C-32(2): 108-120.

8

被吊物位姿给定的吊装运动规划

8.1 概　　述

吊装运动规划是起重吊装方案设计的重要内容，近年来得到了国内外学者的广泛关注，学者做了许多有意义的尝试，提出了基于 $A^{*[1]}$、遗传算法[2]、PRM[3] 和 RRT[4]等许多吊装运动规划算法。上一章也详细阐述了基于 RRT-Connect++的吊装运动规划方法，该方法在起重机器人模型中增加吊钩旋转自由度[5]以及移动平台自由度[6]，并在规划中考虑履带移动平台的非完整运动学约束，同时通过改进 RRT-Connect 算法以提高吊装路径的质量[7]。然而，上述的研究开展的前提均为规定好起吊位形和就位位形，但在实际吊装中可知的是起吊和就位时刻的被吊物位姿。针对此情况，吊装规划专家首先采用试凑的方法确定出起吊位形和就位位形，然后再调用传统的吊装运动规划算法进行求解，如果规划算法没有找到路径，专家需要重新选择不同的起吊/就位位形再次调用规划算法，如此反复直到获得一条可行的吊装路径，具体如图 8.1 所示。这种试错法有以下不足：①由于确定起吊/就位位形涉及起重性能表校核、起重机逆向运动学求解以及碰撞检测等烦琐的计算，对于普通的吊装规划人员来说，这是一项极具挑战性的工作，尤其在杂乱的复杂吊装环境中更甚；②在杂乱的吊装环境中吊装运动规划算法会经常失败，吊装人员需要以试错方式，不断重选起吊/就位位形，直至规划算法成功，烦琐费时；③起吊/就位位形的确定严重依赖吊装规划人员的经验和能力，无形抬高了算法的应用门槛，从而限制了吊装运动规划算法在实际工程中的应用。

只给出起吊和就位时刻被吊物位姿，而不提供起吊/就位位形的吊装运动规划问题，是一类新的问题，我们称之为被吊物位姿给定的吊装运动规划问题。本章针对此问题提出了一种新的吊装运动规划算法，在给定初始被吊物位姿和终止被吊物位姿前提下，该规划算法能自动确定出优良的起吊位形和就位位形并规划出一条无碰撞的优化路径，以实现起重机自主计算出以何种位形将被吊物吊起，如何避开障碍，最终以何种位形把被吊物安放到指定位置。最后通过几个仿真实验验证了所提出算法的有效性和性能。

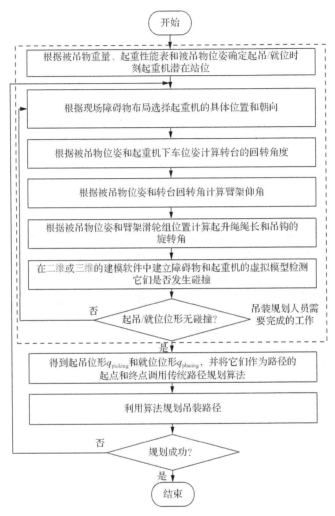

图 8.1　朴素的吊装运动规划方法的处理流程

8.2　被吊物位姿给定的吊装运动规划问题

给定的被吊物位姿限定了起重机只能以某些姿势让吊钩触达被吊物并将其吊起或放下，这也可看作被吊物位姿对起重机的起吊或就位运动施加了一个位姿约束。在该约束下，起重机的下车能在地面上有限的区域运动，这种运动称为该被吊物位姿（或吊钩位姿）约束对应的自运动。因而，满足该约束的所有位形在起重机位形空间中形成低维流形，称为自运动流形。被吊物位姿给定的吊装运动规划可描述为：寻找一条从起吊自运动流形到就位自运动流形的无碰撞路径（图 8.2）。

从图 8.2 可知，由于障碍物的存在，自运动流形中有的位形很容易形成高质量路径，而有的则比较困难甚至无法形成路径（如图 8.2 中 D 区的点）。那么，如何高效地从起吊和就位自运动流形中获取有效的位形作为路径的起点和终点？又如何确保所得的起吊/就位位形是优良的？这两点是被吊物位姿给定的吊装规划中亟待解决的关键问题。

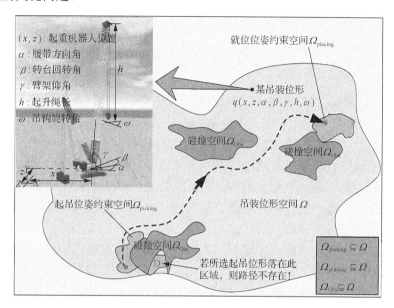

图 8.2　被吊物位姿给定的起重机器人吊装运动规划问题

该问题与冗余机械臂的抓取规划（manipulation planning）[8]非常相似，规划问题的目标点在工作空间（即末端执行器位姿空间，本项目为被吊物位姿空间）给出，而规划在位形空间（各关节角形成的空间）进行。它们的不同之处在于：①起重机器人包含可收放的柔性起升绳机构，是一个刚柔耦合冗余欠驱动系统，冗余机械臂通常是由若干刚体连杆和旋转关节构成的机械系统；②吊装运动规划的起始点和目标点均在工作空间给出，抓取规划只是目标点在工作空间指定。虽然抓取规划得到了较广泛而深入的研究，但由于这些差别，抓取规划的方法大多无法直接应用到吊装运动规划。也正因这些不同，被吊物位姿给定的吊装运动规划比抓取规划问题更困难一点。

不管是被吊物位姿给定的吊装运动规划还是冗余机械臂的抓取规划，均面临着两个核心问题：工作空间与位形空间的信息变换（映射）和空间搜索。规划的目标点（甚至起始点）在工作空间指定，而规划在位形空间进行，只有在两个空间进行信息变换，规划才得以完成。因此，为规划设计有效的信息映射机制是首要解决的关键问题。有了信息映射机制之后，在规划中如何使用此工具转化哪些信息以及如何搜索位形空间最终获得路径，则是空间搜索的范畴。事实上，空间搜索的策略直接决定规划的概率完备性①、效率以及路径的质量。可见，工作空间与位形空间的信息映射和空间搜索是被吊物位姿给定的吊装运动规划和抓取规划中两个相对独立又相互关联的关键问题。

对于两空间的信息映射，因为工作空间到位形空间点信息的变换实际是经典的逆向运动学问题，所以在已有的抓取规划研究中，大多采用传统逆向运动学或雅可比矩阵伪逆等作为两空间的映射，实现工作空间到位形空间的信息变换。但这些映射是一种局部的映射，一次只能获得无穷解中的一个，信息变换不完全，为确保规划的概率完备性，规划过程中需要频繁调用这些高代价的映射操作，进而影响规划的效率。另外，自运动流形包含全体逆解，是一种天然的全局映射，能一次将工作空间给定点信息一次映射到位形空间，并且一旦解析表达，能以常数时间获取其中一个逆解，通过其完成的逆解优化具有全局性。因此，利用自运动流形实现两空间的信息变换应该是一种不错的选择，可望克服传统信息映射机制存在的不足。而对于空间搜索，现有的研究大多集中在如何利用工作空间目标点信息上，通过构建启发函数、使用雅克比矩阵伪逆等使搜索偏向目标，或者利用逆解求得目标位形进行双向搜索。而事实上，除了目标点信息，在工作空间还存在许多利于路径生成的启发信息，如目标点附近、工作空间末端执行器轨迹等。若能将这些信息映射到位形空间并对其进行参数化表示，实现对位形空间的显式划分及参数化，那将非常有助于根据不同的需要设计更灵活、更有针对性的空间搜索策略。所以，位形空间的显式划分及参数化可望进一步提升空间搜索的效率。

为此，本章将自运动流形引入被吊物位姿给定的吊装运动规划中，构建基于它的两空间信息映射机制；尝试对位形空间进行显式划分并参数化，并设计基于位形空间划分的搜索策略。

8.3　自运动流形的参数化表示

现有关于自运动流形求解的研究，大多只针对基座固定的旋转关节型机械臂，如文献[9]，而对于包含滑动关节及移动平台的冗余度机械臂的自运动流形，学者研究较少。对于起重机器人，固定其吊钩位姿时，其移动平台还可在地面上运动使得吊钩位姿保持不变，这就是它的自运动。实际上，自运动过程中，由于吊钩与地面相对静止，所以从地面开始经过起重机器人各关节最终到吊钩的运动链可

---

① 若问题本身存在路径，规划算法在给足够时间的前提下一定能以概率趋向 1 找到一条可行路径，则称该算法为概率完备的。

视为一种特殊封闭链。利用封闭链运动分解的思想，可把起重机器人的关节划分为冗余关节和非冗余关节两组，结合其自运动的特性，在此选择下车平台的 3 自由度平面关节(x,z,α)作为冗余关节，而其他关节为非冗余关节。也就是，履带起重机的位形 $q = (x,z,\alpha,\beta,\gamma,h,\omega)$ 可以分解为两部分 (q_m, q_u)，其中 $q_m = (x,z,\alpha)$ 为履带起重机下车的 3 个关节，$q_u = (\beta,\gamma,h,\omega)$ 则对应上车部分转台、臂架变幅、起升绳收放、吊钩旋转等 4 个自由度。这样，根据履带起重机的几何关系，吊钩位姿 p 和下车位姿 q_m 一旦给定，q_u 即可通过上车的几何关系确定出来。而某吊钩位姿（等同于被吊物位姿，因为它们之间无相对运动）对应的自运动流形是履带起重机位形空间中由自运动生成的所有位形所汇聚而成的一个或多个低维小区域，因而吊钩位姿 p 对应的自运动流形 C_{sm} 可用式（8.1）表示，其中 G 为履带起重机上车的逆向运动学。

$$C_{sm} = \{q \mid q = G(q_m, p)\} \qquad (8.1)$$

另外，作为一种专用吊装设备，每台具体的履带起重机都有一张表达其起升能力的起重性能表，这是与机械臂其中一个不同之处。该起重性能表和被吊物的重量共同确定起重机的最小和最大工作半径。如果它的工作半径不在相应的最小/最大范围之内，均可能导致翻车的严重后果。因此，对于给定的吊钩位姿（或被吊物位姿），起重机的站位被限制在一个以吊钩在地面上的投影为圆心、最小工作半径为内径、最大工作半径为外径的圆环里（图 8.3）。因此，p 对应的自运动流形可进一步表达为吊钩位姿 p 和下车方向角 α 的函数。

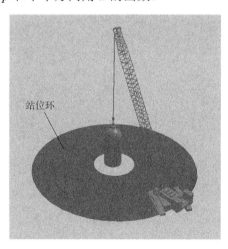

站位环

图 8.3　履带起重机的站位环

此外，站位环具有非常直观的特点，人们可容易知道站位环中哪些地方存在障碍，起重机无法站位进行吊装。为能进一步精确表达可行的站位区域，采用可融入人为因素或偏好的站位扇环列表代替站位环，每个扇环用扇环半径和扇环角（即最小/最大扇环半径和扇环起始/终止角）表示（图 8.4）。这样，式（8.1）表示的自运动流形可进一步用式（8.2）～式（8.4）表达，称之为起重机站位区（crane location region, CLR）。其中，r_i 和 θ_i 分别是第 i 个扇环的半径和角度，α_i 是起重机下车在第 i 个扇环的方向角，$(r_i, \theta_i, \alpha_i)$ 的取值范围由式（8.3）确定；p 为被吊物位姿，用式（8.4）表示，$\begin{bmatrix} x_{\text{object}} & y_{\text{object}} & z_{\text{object}} \end{bmatrix}^{\text{T}}$ 为世界坐标系下被吊物的位置坐标，φ_{object} 为世界坐标系下被吊物朝向与 X 轴的夹角；ψ 为 CLR 到起重机位形空间的映射（下一节详细介绍）。需要指出的是，式（8.3）中的参数 $r_{\min}$、$r_{\max}$、$\theta_{\min}$、$\theta_{\max}$、$\alpha_{\min}$ 和 $\alpha_{\max}$ 可在实际应用中根据需要人为设置相应的值。

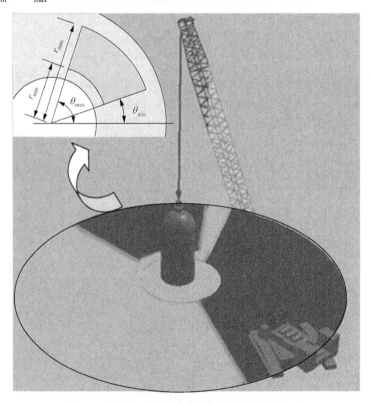

图 8.4　履带起重机的站位扇环及其参数化表示

$$C_{sm} = \{q \mid q = \psi(r_i, \theta_i, \alpha_i, p), i = 0, 1, \cdots\} \qquad (8.2)$$

$$B = \begin{bmatrix} \begin{bmatrix} r_{\min} & r_{\max} \\ \theta_{\min} & \theta_{\max} \\ \alpha_{\min} & \alpha_{\max} \end{bmatrix}_1 \\ \vdots \\ \begin{bmatrix} r_{\min} & r_{\max} \\ \theta_{\min} & \theta_{\max} \\ \alpha_{\min} & \alpha_{\max} \end{bmatrix}_i \\ \vdots \\ \begin{bmatrix} r_{\min} & r_{\max} \\ \theta_{\min} & \theta_{\max} \\ \alpha_{\min} & \alpha_{\max} \end{bmatrix}_n \end{bmatrix} \tag{8.3}$$

$$p = \begin{bmatrix} x_{\text{object}} & y_{\text{object}} & z_{\text{object}} & \varphi_{\text{object}} \end{bmatrix}^{\text{T}} \tag{8.4}$$

8.4　CLR 到自运动流形的映射

如上所述，ψ 为 CLR 到起重机位形空间的映射，实现方便快捷地获取自运动流形中的位形，以便在吊装运动规划中使用。本节将详细介绍此映射的具体表达。

对于任意给定的自运动流形（用上述 CLR 形式表示），其中被吊物位姿 p 为固定值，而表示履带起重机下车位姿的 r、θ、α 参数取值被限制在一个范围。若将下车位姿的 r、θ、α 参数张成一个三维向量 $[r \quad \theta \quad \alpha]^{\text{T}}$，$r$、$\theta$、$\alpha$ 所有可能的取值 [由式（8.3）确定] 所形成的区域即构成一个三维参数空间，表达为 $\Sigma \subseteq R^3$（R 为实数集）。同时，令自运动流形表达为 $C_{sm} \subseteq \Omega \subseteq R^7$（$R$ 为实数集）。CLR 到起重机位形空间的映射可表达为从三维参数空间到起重机位形空间的映射 $\psi : \Sigma \rightarrow C_{sm}$，其示意图如图 8.5 所示。若要取任务空间中的一个位形，则可先在该三维参数空间中随机选一点，然后通过映射函数即可获得相应的位形。

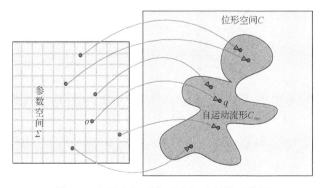

图 8.5　参数空间到位形空间映射的示意图

令参数空间中某个点 $o = (r,\theta,\alpha)$ 对应的位形用 $q = (x^*, z^*, \alpha^*, \beta^*, \gamma^*, h^*, \omega^*)$ 表示，位形 q 将落在自运动流形中（图 8.5）。下面将详细阐述如何根据 r、θ、α 确定位形 q 各参数。求解的基本思路是：首先根据 r、θ、α 参数确定起重机下车的位姿 (x^*, z^*, α^*)，然后再利用履带起重机上车的逆向运动学可唯一地确定位形 q 其他参数 $(\beta^*, \gamma^*, h^*, \omega^*)$。具体地，首先 α^* 能根据参数 α 直接确定；然后，由于起重机为了将被吊物吊起或放下，其臂架必须指向被吊物的位置，据此可确定臂架与世界坐标系 X 的夹角，结合已确定的 α^* 可求得转台的回转角 β^*，进而基于臂长、作业半径可确定臂架的仰角 γ^*；接着，根据臂长、臂架仰角、作业半径、臂架安装铰点位置、滑轮组相对臂架轴线的偏移距离等可求解 h^*；最后，根据被吊物的朝向和臂架的朝向可确定吊钩的旋转角 ω^*。至此，位形 $q = (x^*, z^*, \alpha^*, \beta^*, \gamma^*, h^*, \omega^*)$ 的七个分量根据参数 r、θ、α 全部确定出来。因此，参数空间到起重机位形空间的映射 ψ 具体表达如式（8.5）所示。其中，v_Y 为 $[0 \quad 1 \quad 0]^T$，v_α 为 $[\cos\alpha \quad 0 \quad \sin\alpha]^T$，$v_\theta$ 为 $[-\sin\theta \quad 0 \quad \cos\theta]^T$，$[x_{object} \quad y_{object} \quad z_{object} \quad \varphi_{object}]^T$ 为被吊物位姿，h_g、(x_{offset}, y_{offset})、L、d 分别为下车高度、臂架安装铰点相对转台中心的偏移量、臂架长度和滑轮组相对臂架轴线的距离（图 6.8）。

$$
q = \begin{bmatrix} x^* \\ z^* \\ \alpha^* \\ \beta^* \\ \gamma^* \\ h^* \\ \omega^* \end{bmatrix} = F([r^* \quad \theta^* \quad \alpha^*]^T)
$$

$$
= \begin{bmatrix} x_{object} + r \cdot \cos\theta \\ z_{object} - r \cdot \sin\theta \\ \alpha \\ \mathrm{sgn}(v_Y \cdot (v_\alpha \times v_\theta)) \cdot \arccos\dfrac{v_\alpha \cdot v_\theta}{\|v_\alpha\| \cdot \|v_\theta\|} \\ \arccos\dfrac{\sqrt{(x_{object} - x)^2 + (z_{object} - z)^2} - x_{offset}}{\sqrt{L^2 + d^2}} + \arctan\left(\dfrac{d}{L}\right) \\ (h_g + y_{offset}) + \sqrt{L^2 + d^2} \cdot \sin\left(\gamma - \arctan\left(\dfrac{d}{L}\right)\right) - y_{object} \\ \varphi_{object} - (\alpha + \beta) \end{bmatrix} \quad (8.5)
$$

8.5 自运动流形的直接采样策略

参数空间到位形空间的映射 ψ 一旦确定，我们即可设计出自运动流形的直接采样策略，其具体采样流程如图8.6所示。由于自运动流形的参数表示CLR中可能包含多个扇环，所以，首先根据某种扇环选择策略确定从CLR中哪个扇环选择参数空间的采样点；接着，在选定扇环中的参数空间中随机选择一个点 $o(r,\theta,\alpha)$；然后，利用式（8.5）的映射求得对应的位形 q；最后进行碰撞检测以判断所得的位形是否存在碰撞，若无碰撞则输出有效位形，否则返回第一步重复上述步骤直至获得有效的位形。其中，碰撞检测需要利用起重机的正向运动学将位形变换为起重机在三维空间的位姿，再利用碰撞检测库（如PQP、FCL等）进行碰撞检测。

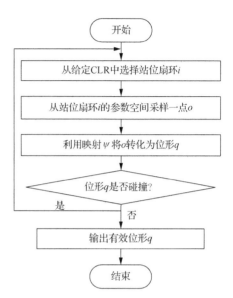

图8.6 自运动流形的直接采样流程

一般而言，只要能保证存在非零概率选中CLR中任一个站位扇环的选择策略均可作为上述提到的站位扇环选择策略。考虑到通常情况下CLR中的所有站位扇环均占有一定的面积，因而可根据其面积的比例来选择某个站位扇环，站位扇环面积越大被选中的概率越大，符合均匀采样的原则。考虑到可能会存在退化的站位扇环（比如 $r_{i,\min}=r_{i,\max}$ 或 $\theta_{i,\min}=\theta_{i,\max}$ 的情形），由于这类退化的站位扇环面积为0，若完全采用面积比例来选择扇环，这类退化的扇环将永远无法被选中。为了解决此问题，在计算扇环面积占比时引入微小常量 $\lambda \geqslant 0$，得到CLR中第 i 个站位扇环被选中的概率 p_i 计算公式 [式（8.6）]。利用此公式计算退化扇环被选中概率，将不会出现零的情况，但其概率也不会高于任意有面积的扇环的概率。这样可以很好避免面积为零的退化扇环被忽略又不让这些退化扇环被选中的可能性比非退化扇环大。需要进一步指出的是，从选中的扇环中采样参数空间的一个点的时候，可以使用多种采样策略来实现，比如均匀采样或高斯采样等。

$$p_i = \frac{\theta_i \cdot (r_{i,\max}^2 - r_{i,\min}^2) + \lambda}{\sum\limits_{j=1}^{n} \theta_j \cdot (r_{j,\max}^2 - r_{j,\min}^2) + n\lambda} \tag{8.6}$$

式中，n 为站位扇环数量。

8.6 基于 CLR 的被吊物位姿给定的吊装运动规划算法

有了上述的基础，本节将提出一种面向被吊物位姿给定的吊装运动规划算法——双向多棵快速扩展随机树（bi-directional multiple RRTs，BiMRRTs）算法，该算法在路径搜索过程中分别从起吊和就位的自运动流形中同时逐渐生长多棵树，以避免存在路径而无法找到。下面将首先介绍 BiMRRTs 算法的总体框架，接着阐述自运动流形区 RRT 的生长策略，然后简要介绍算法的应用流程，最后通过几个仿真实验验证算法的有效性和性能。

8.6.1 BiMRRTs 算法总体框架

有了自运动流形的参数表示 CLR 及其直接采样策略，一种求解被吊物位姿给定的吊装运动规划的方法是，将被吊物位姿对起重机的约束先用 CLR 来表示，然后利用自运动流形的直接采样策略分别从起吊 CLR 和就位 CLR 中获取一个有效无碰撞位形，最后将得到的这两个位形分别作为路径的起点和终点调用经典的运动规划算法（如 A*、RRT、PRM 等）进行求解。虽然这种方法常常能用来解决此类问题，但它不是一种概率完备的方法，也不高效。其主要问题在于，即使起始自运动流形到就位自运动流形之间存在路径，由于规划器被限定只能使用被选中的一对起点和终点，规划的成败与效率严重依赖起点、终点选择的好坏。如果被选中的起点和终点不存在路径，那么规划器无论使用多长时间最终都会失败；或者虽然被选中的起点和终点之间存在路径，但由于起点或终点落在路径搜索的困难区，规划器也会很难找到路径；相反，如果起点和终点选择得好，规划器则可能会很快找到优化的路径。故，起吊位形和就位位形的选择对此类方法的规划难度和路径质量有着重要的影响。

起吊和就位时刻的被吊物位姿，一方面约束着起重机只能以某个或某些位姿吊起或放下被吊物；另一方面又允许起重机以多个不同位姿吊起或放下被吊物，为起重机吊装提供许多灵活性。这意味着，路径起点可以是起吊自运动流形任意一点，路径终点可以是就位自运动流形任意一点，这样即存在无数个潜在的起点/终点，在运动规划中可以充分利用所提供的自由（灵活）进行运动规划。本节借鉴 CBiRRT2[10] 中后向搜索树生长策略提出了 BiMRRTs 算法，与 CBiRRT2 不同之处在于，前者前向和后向搜索树均采用多棵树同时生长策略，只要两个方向的搜索树中任意一对相遇即表示找到一条可行路径。由于起吊或就位自运动流形中任意一个状态均有机会成为路径的起点或终点，所以该策略应能有效克服固定单一或几组起吊/就位状态带来的寻路困难问题。

BiMRRTs 算法的总体框架如函数 8.1 所示。算法初始化之后，进入迭代循环，在每次迭代中，算法提供两种操作模式：①以一定概率 P_{Addroot} 增加新树；②进行树的扩展。若选择增加新树模式，则采用以上自运动流形直接采样策略求得一个（也可若干个）满足约束的起吊位形和就位位形，然后以这些位形为树根放到相应树的集合中；若选择树的扩展操作，则先扩展起吊树集和就位树集中的入侵节点，若扩展成功则退出程序，否则继续采用树的扩展策略对两组树进行扩展，当两组树中任意一对树相遇，一条可行路径便已找到。因为每个树根均代表一个可行的站位，通过以一定概率增加新树的策略让这些可行的站位都有机会成为可行路径的起点或终点，从而解决了起吊点和终止点唯一情况下寻找路径困难的问题。

函数 8.1:

```
BiMRRTs( CLRs_pick, CLRs_place, K )
{
    Trees_pick.SetNull();        //将 Trees_pick 设置为 null
    Trees_place. SetNull();      //将 Trees_place 设置为 null
    while( k < K )
    {
        p = RandomValue();       //生成随机数
        if( p < P_sample || Trees_pick || Trees_place )
        {
            //同 CBiRRT2, 利用 CLRs_pick 和 CLRs_place 创建新树
            CreateNewTrees( CLRs_pick, CLRs_place, Trees_pick, Trees_place );
        }
        else
        {
            //同 RRT-Connect++, 扩展两个树集合
            if( ExtendTrees(Trees_pick, Trees_place ))
            {
                path = ExtractPath(Trees_pick, Trees_place );
                return Path;
            }
        }
    }
    return NULL;
}
```

8.6.2 自运动流形区 RRT 生长策略

从上述 BiMRRTs 算法总体框架可以看出，多棵树同时从自运动流形生长的策略的思想是：在路径搜索（RRT 扩展）过程中，以一定概率从起吊/就位任务空间采样一个位形，并以此为树根建立一棵新树加入相应的树集中（起吊树集和就位树集），在以后的迭代中以传统 RRT 生长方式扩展树集的节点。图 8.7 展示了该策略，经过了若干次迭代后，从起吊任务空间中已经生长出四棵树并均得到了不同程度的扩展，从就位任务空间也生长了四棵树，但其中一棵未得到扩展。在下次迭代中，可能增加第五棵树，也可能分别从起吊/就位树集中选择一棵进行扩展。在扩展的过程中若存在起吊树集中的一棵树与就位树集中任意一棵树相遇，则找到路径。这样，起吊/就位自运动流形中的点都有机会成为可行路径的起点/终点，从而有效地克服了固定起吊/就位位形对路径搜寻带来的困难。该策略的伪代码如函数 8.2 所示，函数 8.3 展示了上述自运动流形直接采样策略的实现。

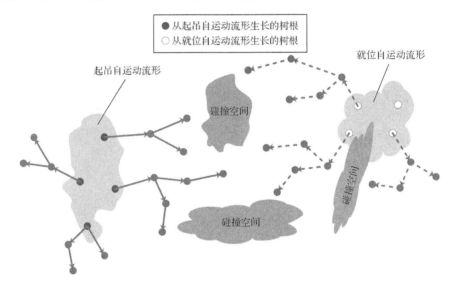

图 8.7　自运动流形区 RRT 生长策略示意图

函数 8.2：

```
void CreateNewTrees( CLRs_pick, CLRs_place, Trees_pick, Trees_place )
{
    x_pick = SamplingFromCLRs( CLRs_pick );
    Trees_pick.Add( new Tree(x_pick ) );
    x_place = SamplingFromCLRs( CLRs_place );
```

```
    Trees_place.Add( new Tree(x_place ) );
}
```

函数 8.3：

```
CS SamplingFromCLRs( CLRs_pick )
{
    Pose_L = GetPayloadPose( CLRs_pick );
    do
    {
        /*扇区采样*/
        AS = WhichAnnularSector( CLRs_pick );
        /*根据下车位姿和逆向运动学计算起重机位形*/
        x = PseudoAnalyticalIK( Pose_L, AS );
    }while( IsCollision( x ) ); /*带 x 导致碰撞，则重新采样 */
    return x;
}
```

8.6.3 BiMRRTs 算法的应用

从 BiMRRTs 算法的总体框架可以看出，其输入是起吊 CLR 和就位 CLR，而不是起吊位形和就位位形。对算法使用者来说，这是 BiMRRTs 算法和常规吊装运动规划算法最主要的不同。所以，在使用 BiMRRTs 算法之前需要先根据被吊物位姿给定的吊装运动规划问题构建起吊 CLR 和就位 CLR，构建方法如下：

（1）在吊装现场选定世界坐标系，确定被吊物在此坐标系下的位姿 P_L^W；

（2）根据被吊物的重量和起重机的起重性能，计算得到最小工作半径 R_{min} 和最大工作半径 R_{max}，进而可确定出起重机的潜在站位环；

（3）根据吊装现场的布局，确定出站位环中有几个扇环起重机可以站位，并确定每个扇环的 θ_{min}、θ_{max}、r_{min} 和 r_{max} 参数，同时确保 $R_{min} \leqslant r_{min} \leqslant r_{max} \leqslant R_{max}$。此外，根据现场障碍物的布局和人为约束，确定每个站位扇环的 α_{min} 和 α_{max} 参数，若无特别约束可分别设为 $-\pi$ 和 π。最后将各个扇环的参数拼装在一起即可得到 CLR 的 B [式（8.3）]。至此，结合（1）即可得到完整的 CLR。

从上述 CLR 的构造过程可以看出，构造起吊、就位 CLR 要比确定一个合适的起吊位形、就位位形要容易得多。所以，对算法使用者来说，BiMRRTs 算法很容易用，因为它不需要根据被吊物位姿计算合适的起吊位形和就位位形。更重要的是，BiMRRTs 算法可克服唯一或有限对起吊和终点带来寻找路径困难的问题。

并且，它是概率完备的，即如果起吊自运动流形到就位自运动流形之间存在路径，只要有足够长的规划时间，BiMRRTs 算法就一定能把路径找到。

8.6.4 仿真实验分析

本节将在三个仿真实验上测试 BiMRRTs 算法，以验证所提算法的有效性和性能。我们首先基于开源的运动规划算法平台（motion strategy library，MSL）实现 BiMRRTs，在算法中考虑了履带起重机下车的非完整运动学（non-holonomic kinematics）特性。由于上一章已详细地讨论了该特性以及如何将其嵌入规划器中，故在此不再赘述。在三个仿真实验中使用的起重机是利勃海尔的 LR400-2 履带起重机，选用其 49m 的主臂作业工况，其主要的外形参数和起重性能表分别见表 8.1 和表 8.2。最后需要指出的是，所有的测试在 CPU 主频为 2.0GB、内存为 1.0GB 的 Thinkpad T60 笔记本上进行。

表 8.1 所选起重机主要外形尺寸 （单位：m）

主要外形尺寸	值
下车高度 h_g	1.8
臂架安装铰点偏移量(x_{offset}, y_{offset})	(2.4, 1.3)
主臂长度 L	49.0
滑轮组距离主臂轴线距离 d	0.81

表 8.2 所选起重机的起重性能表（配重 155.0t，中心压重 43.0t）

作业半径/m	额定起重量/t	作业半径/m	额定起重量/t
8	220	24	64
9	206	26	58
10	186	28	52
11	168	30	48
12	153	32	44
14	127	34	40
16	108	36	37
18	93	38	34.5
20	81	40	32
22	72	44	27.8

1. 有效性验证

本小节主要构建三个吊装案例来验证所提方法的有效性，这三个仿真案例的吊装场景和被吊物的摆放位置如图 8.8 所示。

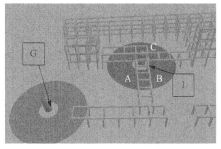

（a）吊装任务1

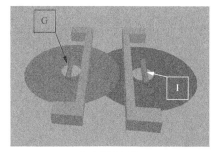

（b）吊装任务2

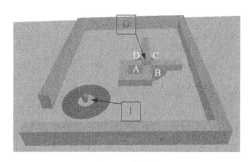

（c）吊装任务3

图 8.8　三个吊装案例的场景

现要使用所提 BiMRRTs 算法为这三个吊装任务规划出一个无碰撞的吊装过程（吊装路径）。图 8.9 为 BiMRRTs 算法在这三个吊装任务上某次规划得到的吊装路径样例，其中实线表示的曲线为被吊物的轨迹，虚线表示的曲线为履带起重机下车行走的路线。

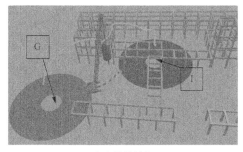

（a）吊装任务1

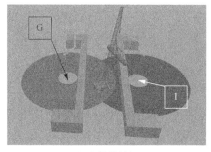

（b）吊装任务2

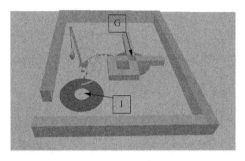

（c）吊装任务3

图8.9　三个吊装任务上某次规划得到的吊装路径样例

1）吊装任务1

本吊装任务是使用利勃海尔 LR1400-2 履带起重机将一个废旧的反应器从钢架结构中（图8.8中 I）移除并搬运到图8.8中 G 的位置，具体作业环境、被吊物起吊/就位位姿详见图8.8。该反应器为圆柱形物件，总吊装重量47.0t。为了使用 BiMRRTs 算法获得可行的吊装路径，我们需要先按照 8.6.3 小节的方法构建起吊 CLR 和就位 CLR。为此，首先确定出被吊物起吊时刻在世界坐标系下的位姿为 $[-225.0\quad 16.0\quad 30.0\quad 0]^{\mathrm{T}}$，就位时刻的位姿为 $[-180.0\quad 16.0\quad 100.0\quad \pi/2]^{\mathrm{T}}$；然后，根据被吊物重量 47.0t 以及该起重机的起重性能（表8.2）可得到站位环的最大、最小半径分别为 30.5m 和 8.0m。该案例中，对起重机的起吊站位和就位站位不加以限制，只要不发生碰撞起重机可以站在站位环内任意的位置。即，起吊 CLR 和就位 CLR 均只有一个站位扇环，并且 $\theta_{\min}=\alpha_{\min}=-\pi$、$\theta_{\max}=\alpha_{\max}=-\pi$。因此，我们使用式（8.7）和式（8.8）表示起吊 CLR，使用式（8.9）和式（8.10）表示就位 CLR。

$$P_L^W =[-225.0\quad 16.0\quad 30.0\quad 0.0]^{\mathrm{T}} \tag{8.7}$$

$$B = \begin{bmatrix} 8.0 & 30.5 \\ -\pi & \pi \\ -\pi & \pi \end{bmatrix}_1 \tag{8.8}$$

$$P_L^W =[-180.0\quad 16.0\quad 100.0\quad \pi/2]^{\mathrm{T}} \tag{8.9}$$

$$B = \begin{bmatrix} 8.0 & 30.5 \\ -\pi & \pi \\ -\pi & \pi \end{bmatrix}_1 \tag{8.10}$$

2）吊装任务2

这是一个原油电脱盐罐的吊装，吊装任务是将卧躺在位置 I 的被吊物搬运到位置 G，该被吊物直径 3.8m、长 27m、重 35.0t，具体作业环境、被吊物起吊/就位位姿详见图 8.9。同样，在使用 BiMRRTs 算法规划吊装路径之前，需要先构建起吊 CLR 和就位 CLR。首先容易确定出被吊物在世界坐标系下起吊时刻和就位时刻的位姿，分别为$[-160.0 \quad 20.0 \quad -25.0 \quad \pi/2]^{\mathrm{T}}$ 和 $[-160.0 \quad 20.0 \quad 25.0 \quad \pi/2]^{\mathrm{T}}$；然后，结合表 8.2 的起重性能表根据被吊物重量 35.0t 可确定出起重机的最小作业半径和最大作业半径分别为 8.0m 和 37.6m。若对起重机的起吊站位和就位站位不加以限制，至此我们可以像吊装任务 1 那样构建出起吊 CLR 和就位 CLR 进行运动规划。然而，考虑到若起重机从右边的 U 形口将被吊物吊起然后绕过障碍物从左边的 U 形口将其放置，那么起重机需要行走很长一段路程，路径不优；若起重机站在两个 U 形障碍物之间进行吊装，那么起重机将不需要行走太远的距离甚至不用行走即可完成吊装任务。因此，我们希望能将起重机的站位限制在两个站位环的重叠区，详见图 8.10。为此，我们使用式（8.11）和式（8.12）表示起吊 CLR，使用式（8.13）和式（8.14）表示就位 CLR。图 8.10 展示了起吊 CLR 的具体构建过程，就位 CLR 采用类似的过程来构建。

$$P_L^W = [-160.0 \quad 20.0 \quad -25.0 \quad 1.57]^{\mathrm{T}} \quad (8.11)$$

$$B = \left[\begin{bmatrix} 12.4 & 37.6 \\ -2.41 & -0.73 \\ -\pi & \pi \end{bmatrix}_1 \right] \quad (8.12)$$

$$P_L^W = [-160.0 \quad 20.0 \quad 25.0 \quad 1.57]^{\mathrm{T}} \quad (8.13)$$

$$B = \left[\begin{bmatrix} 12.4 & 37.6 \\ 0.73 & 2.41 \\ -\pi & \pi \end{bmatrix}_1 \right] \quad (8.14)$$

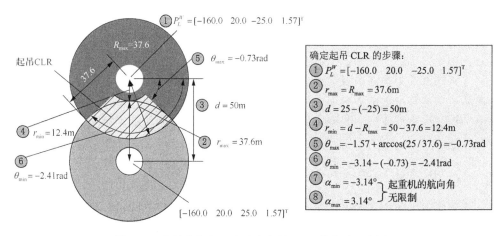

图 8.10　在吊装任务 2 中确定起吊 CLR 的步骤示意图

3）吊装任务 3

此吊装任务是一个再生器设备的安装。吊装前再生器竖立在图 8.8 中的 I 位置上，需要使用一台 LR1400-2 履带起重机将其搬运到图 8.8 中的 G 位置并从钢架结构顶部放入。被吊物最大直径 6.0m，总吊装重量 66.0t。同样，首先容易确定出起吊时刻和就位时刻被吊物的位姿分别为 $[-110.0\quad 15.0\quad 30.0\quad 0.0]^T$ 和 $[-160.0\quad 15.0\quad -30.0\quad 0.0]^T$。然后根据被吊物重量 66.0t 和表 8.2 的起重性能表可得到站位环的最大、最小半径分别为 23.5m 和 8.0m。然而，从图 8.8 可以看到起重机无法进入就位站位环中的 A 区，而进入 C 区再将被吊物放入框架中，则需要绕很远的路程，只有从 B 区和 D 区将被吊物送入框架比较合适。由于 B 区和 D 区不是连通的，需要分别用一个扇环表达它们，即就位 CLR 包含两个扇环，具体表达如式（8.15）和式（8.16）所示。而对于起吊时刻，由于起吊站位环附件几乎无障碍物，起重机可从站位环任意位置将被吊物吊起，故起吊 CLR 只用整个圆环表示，具体如式（8.17）和式（8.18）所示。

$$P_L^W = [-160.0\quad 15.0\quad -30.0\quad 0.0]^T \tag{8.15}$$

$$B = \begin{bmatrix} \begin{bmatrix} 8.0 & 23.5 \\ 0.0 & \pi/2 \\ -\pi & \pi \end{bmatrix}_1 \\ \begin{bmatrix} 8.0 & 23.5 \\ -\pi & -\pi/2 \\ -\pi & \pi \end{bmatrix}_2 \end{bmatrix} \tag{8.16}$$

$$P_L^W = [-110.0\quad 15.0\quad 30.0\quad 0.0]^T \tag{8.17}$$

$$B = \begin{bmatrix} \begin{bmatrix} 8.0 & 23.5 \\ -\pi & \pi \\ -\pi & \pi \end{bmatrix}_1 \end{bmatrix} \tag{8.18}$$

从以上三个不同吊装案例可以看出，本书提出的自运动流形参数表示 CLR 可灵活地描述被吊物位姿对起重机的约束，而基于 CLR 的 BiMRRTs 算法在各种环境下均能快速地找到一条可行的吊装路径，验证了 CLR 和规划算法 BiMRRTs 的有效性。

2. BiMRRTs 算法的性能验证

如前面所述，BiMRRTs 算法最大的特点是基于自运动流形的参数化表示及其高效直接采样策略，设计了多棵树同时从自运动流形生长的空间搜索策略。本部分将验证此空间搜索策略的有效性。为此，本部分首先实现一种不采用多树生长策略的双向 RRT-connect 算法，在此称为固定起点/终点运动规划算法（FIGBiRRT），其主要思想是从起吊/就位自运动流形分别随机取出一个起吊位形和一个就位位形，然后将它们分别设为基于 RRT-connect 规划器的起始位形和目标位形，最后进行运动规划求解。

下面通过对 FIGBiRRT 算法与使用多树同时扩展策略的 BiMRRTs 算法进行比较，以验证采用多树生长策略的有效性。在此，将从成功率、规划时间、路径长度方面对这些方法进行评估。算法迭代次数设为 15000，若迭代次数超过 15000 依然没有找到吊装路径，则任务此次规划失败。现将 FIGBiRRT 算法和 BiMRRTs 算法在上述三个吊装任务均分别独立运行 100 次，然后求得各个指标的平均值，具体结果见表 8.3。需要注意的是，规划时间和路径长度皆指所有成功规划的平均值。

表 8.3　两种方法的性能对比

规划问题	算法	成功率/%	规划时间/s	路径长度/m
吊装任务 1	FIGBiRRT	16	24.3	875.9
	BiMRRTs	86	45.3	673.4
吊装任务 2	FIGBiRRT	97	100.8	2006.0
	BiMRRTs	100	37.6	909.1
吊装任务 3	FIGBiRRT	25	2.3	526.2
	BiMRRTs	100	14.0	535.1

从表 8.3 中可以看出，BiMRRTs 算法的成功概率明显高于 FIGBiRRT 算法，尤其在吊装任务 1 和吊装任务 3 中。而 BiMRRTs 算法得到的路径也几乎总是比 FIGBiRRT 算法得到的路径更短。简而言之，BiMRRTs 算法的规划性能总体优于 FIGBiRRT 算法，充分验证了多棵树同时从自运动流形生长的空间搜索策略的有效性。

8.6.5　FIGBiRRT 算法和 BiMRRTs 算法性能讨论

从表 8.3 中可以看到，FIGBiRRT 算法成功率非常低，规划效率低且所得路径也并不优，尤其是在吊装任务 1，其成功率仅为 16%。这主要是因为在困难区甚至不可行区（它的位形难以甚至无法形成路径）的位形被选到的概率很大。以吊装任务 1 为例，我们在起吊站位环内选择 10000 个点进行测试，无碰撞的可行站位点共 2197 个，其中 A 区 367 个，B 区 415 个，C 区 1415 个。从图 8.8（a）中我们知道 C 区中的站位与就位环之间是不存在路径的，但其中的可行站位被选中作为路径起点的概率却高达 64.4%；B 区中的站位到就位区存在路径，但需要穿越狭窄通道或需要绕很远的地方，因此让 FIGBiRRT 算法从 B 区生成一条到达就位区的路径很困难，该区域的可行站位被选中作为路径起点的概率为 18.89%；从 A 区生成一条路径相对比较容易，但其被选中的概率却只占 16.7%。通过该例子可以明确 FIGBiRRT 算法成功率不高的原因。不过，幸运的是，BiMRRTs 算法中的多棵树同时从自运动流形生长的空间搜索策略有效弥补了 FIGBiRRT 算法这一不足。

此外，需要指出的是，FIGBiRRT 算法在某些吊装任务中的规划时间和所得的路径长度比 BiMRRTs 算法的更短。这主要是因为，表 8.3 中的平均规划时间和路径长度是仅基于规划成功的数据来计算的。而 FIGBiRRT 算法严重依赖所选的起吊位形、就位位形，若选得好，则快速获得优化的路径，若选中困难区中的位形则极易失败。简言之，当选到优良的起吊位形、就位位形，FIGBiRRT 算法的性能有可能优于 BiMRRTs 算法。

8.7 改进的 BiMRRTs 算法

BiMRRTs 算法的多棵树同时从自运动流形生长的空间搜索策略有效克服了固定某组或某几组起吊/就位位形所带来的规划困难和规划非完备性问题。但通过深入分析，可以发现吊装运动规划完全靠随机采样扩展生成树，经常发生前向生成树与就位的自运动流形"擦肩而过"的情形（图 8.11），后向生成树也有类似情况。因而有必要减少"擦肩而过"的情况，以进一步提升规划的效率以及规划的质量。为此，本节引入自运动流形邻域的概念并利用其特点改进 BiMRRTs 算法。下面将首先引入自运动流形邻域的概念并对其进行参数化表示，接着设计自运动流形邻域的空间搜索策略，然后据此提出 BiMRRTs 的改进算法 BiMRRTs-2，最后通过几个仿真案例验证改进算法的有效性和性能。

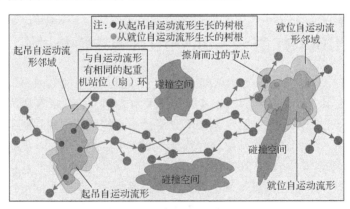

图 8.11 自运动流形邻域及其搜索策略

8.7.1　自运动流形邻域表示及其空间搜索策略

考虑到起重机只要在可行的站位扇环内就有能力触达期望的被吊物并将其吊起或放下，将与自运动流形有相同起重机站位扇环的所有位形形成的区域，定义为自运动流形邻域。该邻域内位形的特点是其(x, z, α)与自运动流形内位形的(x, z, α)相同，但吊钩位姿不相同。故自运动流形邻域可用式（8.19）表示。

$$C_n = \{q \mid q \neq \psi(r_i, \theta_i, \alpha_i, p), i = 0, 1, \cdots\} \tag{8.19}$$

为了便于讨论，我们将一个树集中的节点分为根节点、入侵节点及普通节点三类，下面以起吊树集为例说明这三类节点。图 8.12 展示了某时刻起吊树集生长的情况，从图中可以看到树集包含 3 棵得到不同扩展的树，其中有一棵生长到就位站位环中。我们称这三棵树的树根为根节点（见图 8.12 中位于起吊站位环上的节点），它们是根据起吊自运动流形的采样点生成的节点；而入侵节点是那些进入就位站位环的树节点；那些既不是根节点又未进入就位站位内的树节点称为普通节点。在站位环内的起重机有能力触达期望的被吊物位置并将其吊起或放下。因此，一个节点是起吊树集中进入到就位站位环的入侵节点，则表明该节点距离路径的终点已经很近，若不考虑周围的障碍物，起重机只需再通过其上车的动作便可将被吊物放置到期望的位置。就位树集也有根节点、入侵节点、普通节点，同样有类似的特性。为了避免入侵节点与站位环擦肩而过，在树的扩展中应重点扩展这类节点，以尽快找到路径。

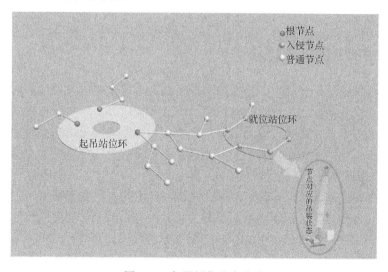

图 8.12　起吊树集节点分类

8.7.2　自运动流形邻域空间搜索策略实现

基于上述思想，在算法每次对树的扩展中，首先对入侵节点进行扩展，具体如下：随机选择一个入侵节点作为生长点，并根据该节点下车位置及起吊/就位被吊物位姿通过逆向运动学求得在对方任务空间的位形，以此作为此次入侵节点扩展的采样点，然后采用一个局部规划器生成一段从入侵节点到采样点的局部路径，若成功扩展到采样点，路径便找到。因起重机上车的运动均为完备性运动，所以本书采用直线型规划器作为局部规划器，即通过线性插值让入侵节点沿直线扩展到采样点。其伪代码如函数 8.4 所示。

函数 8.4：

```
boolExtendIntruders(bForward) {
    Trees = bForward ? Trees_forward : Trees_backward;
    //从 Trees_forward 中随机选择入侵点
    x = SelectIntruder(Trees);
    //生成目标样本 y
    y = GenerateSampleFromIntruder(x);
    //利用局部规划器生成子路径
    if(LocalPlanner(x, y))
        return true;
}
```

8.7.3　BiMRRTs-2 算法

有了自运动流形邻域空间搜索策略后，即可将该策略嵌入到 BiMRRTs 算法中。具体地，算法迭代过程中进入树集扩展操作模式时，先扩展起吊树集和就位树集中的入侵节点，若扩展成功则退出程序，否则继续采用树的扩展策略对两组树进行扩展，当两组树中任意一对树相遇，一条可行路径便已找到。总体而言，改进后的 BiMRRTs-2 算法保留了多树同时扩展的策略，使得可行的站位均有机会成为可行路径的起点或终点，解决唯一起点和终点带来寻找路径困难的问题。同时，由于通过优先扩展自运动流形邻域的树节点有效减少"擦肩而过"的情况，极大提高规划效率和质量。BiMRRTs-2 算法的伪代码如函数 8.5 所示。

函数 8.5：

```
BiMRRTs-2(SM_initial, SM_goal, K) {
    Trees_forward.SetNull();        //初始化 Trees_forward 为 null
```

```
Trees_backward.SetNull();      //初始化 Trees_backward 为 null
while(k < K) {
    p = RandomValue();        //生成随机数
    if(p < P_sample || Trees_forward || Trees_backward) {
    //与 CBiRRT2, 利用 SM_initial 和 SM_goal 创建新树
        CreateNewTrees(SM_pick, SM_place, Trees_forward, Trees_backward);
    }
    else{
        //在自运动流形邻域内扩展节点
        if(ExtendIntruders(Trees_forward) ||
        ExtendIntruders (Trees_backward)){
            path = ExtractPath(Trees_forward, Trees_backward);
            return Path;
        }
        //同 RRT-Connect++, 扩展两个树集合
        if(ExtendTrees(Trees_forward, Trees_backward)) {
            path=ExtractPath(Trees_forward,Trees_backward);
            return Path;
        }
    }
}
return NULL;
}
```

8.7.4　仿真实验分析

　　为了验证改进后的 BiMRRTs-2 算法的有效性和性能,本节以 BiMRRTs 算法作为基线,在 8.6.4 小节中的三个吊装任务上对比它们的性能,如图 8.8 所示。

　　吊装任务 1 是使用利勃海尔 LR1400-2 履带起重机将一个废旧的总重为 47.0t 的圆柱形反应器从钢架结构中(图中 I)移除并搬运到图中 G 的位置。吊装任务 2 是将卧躺在位置 I 的原油电脱盐罐搬运到位置 G,该被吊物直径 3.8m、长 27m、重 35.0t。吊装任务 3 是一个竖立在 I 位置上的再生器设备用一台 LR1400-2 履带起重机将其搬运到图中的 G 位置并从钢架结构顶部放入,被吊物最大直径 6.0m,总吊装重量 66.0t。所有的测试在 CPU 主频为 2.0GB、内存为 1.0GB 的 Thinkpad T60 笔记本上进行。

1. 自运动流形邻域空间搜索策略的有效性验证

与 8.6.4 小节第二部分的实验类似，在此也使用成功率、规划时间、路径长度等指标来评估算法的性能。BiMRRTs 算法和 BiMRRTs-2 算法在三个吊装任务上的性能对比结果如表 8.4 所示。从表中可以看出，BiMRRTs-2 算法在三个吊装任务上成功率为 100%，而 BiMRRTs 算法在吊装任务 1 中成功率为 86%；BiMRRTs 算法的规划时间是 BiMRRTs-2 算法的数倍，在吊装任务 1 中甚至接近 10 倍；在路径长度方面，BiMRRTs-2 算法所得的路径也明显优于 BiMRRTs 算法。即，BiMRRTs-2 算法在三个性能指标上均优于 BiMRRTs 算法，从而验证了自运动流形邻域空间搜索策略的有效性。

表 8.4 两种方法的性能对比

规划问题	方法	成功率/%	规划时间/s	路径长度/m
吊装任务 1	BiMRRTs	86	45.3	673.4
	BiMRRTs-2	100	4.6	357.9
吊装任务 2	BiMRRTs	100	38.2	912.2
	BiMRRTs-2	100	9.3	420.5
吊装任务 3	BiMRRTs	100	14.0	535.1
	BiMRRTs-2	100	2.9	458.6

2. P_{sample} 对算法性能的影响

RiMRRTs-2 算法所依赖的超参 P_{sample} 决定着从起吊和就位自运动流形生长新树的频度，不同的 P_{sample} 值可能会产生不同的规划性能，选择多大的值合适呢？为此，我们开展了一系列的试验。具体地，取 10 个不同的 P_{sample} 值（P_{sample}=0.0，0.1，…，0.9）分别测试 BiMRRTs-2 算法在上述三个吊装任务上的表现，在每个吊装任务每个 P_{sample} 值上独立运行 100 次，得到如图 8.13 的结果。从图中可以看出，随着 P_{sample} 值不断增大，算法的规划时间在三个吊装任务上均是先下降后上升，P_{sample} 值在 0.1～0.5 规划时间较低，P_{sample} 值大于 0.5 后规划时间会出现不同程度的上升。而路径长度随着 P_{sample} 值从 0.0 增加到 0.1 而减小，P_{sample} 值大于 0.1 后路径长度基本保持不变。因此，对于这三个吊装任务而言，P_{sample} 值取 0.1～0.45 的值较为合适。

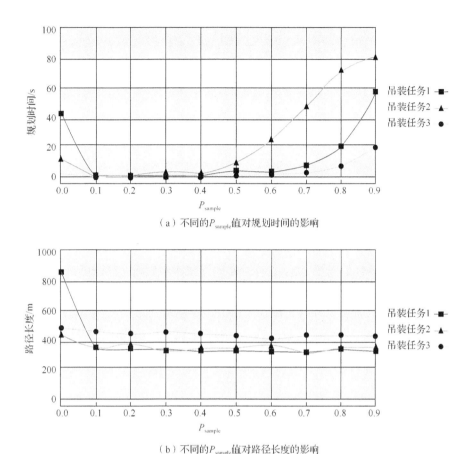

（a）不同的 P_{sample} 值对规划时间的影响

（b）不同的 P_{sample} 值对路径长度的影响

图 8.13　超参 P_{sample} 值对算法性能的影响

8.8　BiMRRTs 算法和 BiMRRTs-2 算法的概率完备性

如果给定的规划问题存在路径，随着给规划器的时间趋向无穷，它找到路径的概率就会趋向 1，这种规划器称为概率完备的规划器[11]。如 8.2 节所述，被吊物位姿给定的吊装运动规划问题可以抽象为如图 8.2 所示的问题，若该规划问题存在路径，那么路径一定是源自起吊自运动流形中的某个位形而终于就位自运动流形中某个位形。从上可知，自运动流形的参数空间到自运动流形的映射是一个双射，因而自运动流形上的每个位形均能用自运动流形的直接采样策略得到。而BiMRRTs 算法或 BiMRRTs-2 算法的核心思想都是利用自运动流形直接采样策略逐渐地从起吊/就位自运动流形生长出新树，只要规划时间足够多，起吊/就位自运动流形上的每个位形均会被采样到，进而有可能成为吊装路径的起点和终点。另外，BiMRRTs 算法或 BiMRRTs-2 算法探索整个无碰撞区采用 Connect-like 的启发式探索策略，像 RRT-Connect 算法那样生长树节点，所以 BiMRRTs 算法或 BiMRRTs-2 算法的探索也会像 RRT-Connect 算法那样以概率的方式收敛到整个无碰撞空间。综上，BiMRRTs 算法和 BiMRRTs-2 算法是概率完备的。

8.9 小 结

本章首先针对被吊物位姿给定的吊装运动规划问题，引入了自运动流形的概念，给出了自运动流形的参数化表示，构建 CLR 到自运动流形的映射，进而设计了自运动流形直接采样策略，在此基础上设计了多树同时生长的自运动流形区 RRT 生长策略，提出了面向被吊物位姿给定的吊装运动规划的 BiMRRTs 算法，三个仿真实验的结果表明所提算法能概率完备地寻找到一条可行的吊装路径，有效克服固定单一或几组起吊/就位状态带来的寻路困难问题。在此基础上，针对生成树与起吊/就位的自运动流形"擦肩而过"的情形，引入了自运动流形邻域的概念并设计了自运动流形邻域空间搜索策略，仿真实验结果表明该策略可极大提升 BiMRRTs 算法的效率和路径质量。综上，本章主要对被吊物位姿给定的吊装运动规划问题进行了深入的研究，并给出了较为系统的解决方案。

参 考 文 献

[1] Reddy H R, Varghese K. Automated path planning for mobile crane lifts[J]. Computer-Aided Civil and Infrastructure Engineering, 2002, 17(6): 439-448.

[2] Deen Ali M S A, Babu N R, Varghese K. Collision free path planning of cooperative crane manipulators using genetic algorithm[J]. Journal of Computing in Civil Engineering, 2005, 19(2): 182-193.

[3] Chang Y C, Hung W H, Kang S C. A fast path planning method for single and dual crane erections[J]. Automation in Construction, 2012, 22: 468-480.

[4] Zhang C, Hammad A. Multiagent approach for real-time collision avoidance and path replanning for cranes[J]. Journal of Computing in Civil Engineering, 2011, 26(6): 782-794.

[5] Lin Y S, Wang X, Wu D, et al. Lift path planning for telescopic crane based-on improved hRRT[J]. International Journal of Computer Theory & Engineering, 2013, 5(5): 816-819.

[6] Lin Y S, Wu D, Wang X, et al. Path planning method for crawler crane[J]. Journal of Convergence Information Technology, 2012, 22(7): 219-226.

[7] Lin Y S, Wu D, Wang X, et al. Improving RRT-Connect approach for optimal path planning by utilizing prior information[J]. International Journal of Robotics and Automation, 2013, 28(2): 146-153.

[8] Berenson D, Srinivasa S S, Ferguson D, et al. Manipulation planning with workspace goal regions[C]. 2009 IEEE International Conference on Robotics and Automation, Kobe, Japan, 2009.

[9] 赵建文, 杜志江, 孙立宁. 7 自由度冗余手臂的自运动流形[J]. 机械工程学报, 2007, 43(9): 132-137.

[10] Berenson D, Srinivasa S, Kuffner J. Task space regions: A framework for pose-constrained manipulation planning[J]. The International Journal of Robotics Research, 2011, 30(12): 1435-1460.

[11] Berenson D, Srinivasaz S S. Probabilistically complete planning with end-effector pose constraints[C]. 2010 IEEE International Conference on Robotics and Automation, Anchorage, AK, USA, 2010: 2724-2730.

9

起重机吊装运动规划仿真平台

9.1 概　　述

　　起重机吊装运动规划作为一类极具挑战的问题，近年来得到了学术界的极大关注，已成为一个新的研究热点。近年来，学者针对起重机的吊装运动规划提出了许多有效的规划算法[1-9]，推动了该领域的快速发展。但这些算法通常是针对某个（类）特定的吊装运动规划问题而在各自的平台上实现，难以重现算法的规划效果，各算法的性能对比更是困难，给此类算法分析、研究带来诸多不便。若存在一个通用的起重机吊装运动规划系统便可容易地在同一环境下进行各算法的性能对比与分析，从而有助于提出优秀的算法。

　　然而，经文献检索鲜有关于起重机吊装运动规划系统的报道，而由于起重机具有起升绳长度可变、对起重性能敏感等不同于一般机器人的特点，机器人领域的规划系统[10-16]对起重机并不适用。为此，本书设计并实现一个专门针对起重机吊装运动规划的通用系统。首先从运动规划问题的本质出发，在此基础上依据算法与问题的逻辑关系构建该系统的框架，最后应用面向对象技术实现各模块的功能。该系统可验证单一算法的实施效果，也可在同等条件下比较几个不同算法的性能。此外，该系统具有良好的可扩展性，不仅允许用户在不影响已有算法的前提下方便地添加用户自定义算法，还可以容易扩充起重机模型以构造不同类型起重机吊装运动规划问题。

9.2 系统总体框架设计

　　起重机吊装运动规划问题独立于求解方法而客观存在，而反过来，求解方法与所要解决的问题类型相关，通常与具体问题无关，也就是求解方法通常为一类问题而设计，独立于具体的问题实例。为了系统具有可扩展性，本书在系统设计时让算法与规划问题相互独立，使得用户容易而独立地增加问题类型和算法，让系统做到：同一个问题可以用不同的算法解决，用同一个算法可解决不同的问题实例。起重机吊装运动规划问题属于高维度的规划问题，一般采用基于随机采样的规划算法进行求解，而此类方法具有概率性，所生成的路径通常只是可行路径而非优化路径，有必要对规划算法得到的路径进行优化，为此，在本系统增加了路径优化模块。为了直观地显示运动规划的结果，本系统增加了可视化模块，因其与规划问题、规划算法的关系耦合较低，为此将其作为一个独立模块。基于以上的业务逻辑关系，本系统的框架如图 9.1 所示，共包括吊装运动规划问题构造、运动规划与优化、算法性能评估、可视化、人机交互五大模块，下面将对各个模块进行简要介绍。

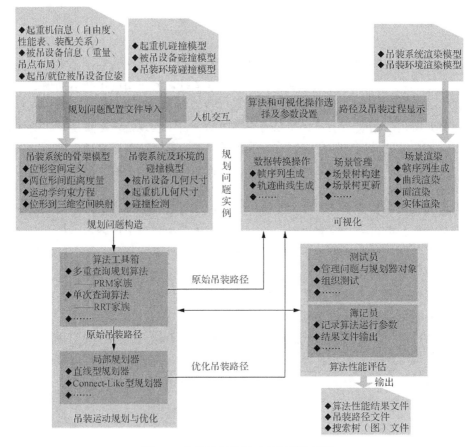

图 9.1　起重机吊装运动规划系统框架

（1）规划问题构造模块。该模块负责根据问题配置文件选择相应的骨架模型和碰撞模型构建具体的起重机吊装运动规划问题实例，并将该实例传给运动规划模块。从图 9.1 中可看到，问题构造模块包括吊装系统骨架模型、吊装系统及环境碰撞模型两部分，其中骨架模型用于吊装系统（起重机与被吊物组成的系统）

内在属性、运动规律等方面的描述与定义；而碰撞模型负责组织管理吊装系统部件及障碍物在三维空间中的位姿并提供碰撞检测功能。

（2）吊装运动规划与优化模块。该模块首先采用用户选择的算法对指定的规划问题实例进行求解，生成原始的吊装路径，然后对原始吊装路径进行优化，把优化后的吊装路径送到可视化模块进行显示。路径优化的主要思想是先在原始路径中随机选择某局部路径段，然后采用合适的局部规划器对该路径段进行重新规划，若局部规划器生成的新路径比原来小段路径更短，则用新路径替代原路径。如此重复以上的步骤，直至路径长度缩短到某个长度或迭代次数到某一最大迭代次数。

（3）算法性能评估模块。该模块主要负责算法性能参数（如规划时间、路径长度、碰撞检测次数等）测评及结果输出等方面的工作。该模块包含簿记员（bookkeeper）和测试员（tester）两个重要的对象。其中簿记员负责协助规划器记录算法的各运行参数；而测试员负责构建测试案例、运行测试并输出测试结果。

（4）可视化模块。此模块的职责是将运动规划或路径优化模块送来的路径进行解析，生成三维空间中路径和帧序列，最后调用渲染器将路径和起重机沿所生成路径的吊装过程显示出来，以使用户对规划结果获得直观、形象的感受。这对用户理解规划结果有极大的帮助。

（5）人机交互模块。作为一个软件系统，人机交互必不可少，为降低人机交互与核心各模块的耦合，本书将人机交互作为一个独立的模块。该模块主要负责相关文件的导入/导出、图形用户界面（graphical user interface，GUI）的交互操作、图形显示等。

9.3 规划问题构造模块设计

9.3.1 吊装运动规划问题形式化表达

起重机吊装运动规划是大型吊装方案设计中最为重要的子任务之一，运动规划不当会导致严重的后果，甚至机毁人亡。吊装运动规划指的是在有障碍物的吊装环境中根据起吊位形和就位位形，寻找一个动作序列，起重机按照此动作序列执行动作过程中，起重机保持不超载、无碰撞。这是一类带高自由度的规划问题，不仅需要考虑起重机、被吊物、作业环境两两之间的碰撞，同时还需要考虑是否超载、运动是否满足起重机的运动学约束等问题。吊装运动规划具体可形式化描述为

$$P = (S, \mathrm{Obs}, q_{\mathrm{picking}}, q_{\mathrm{placing}}, U, f_{\mathrm{col}}, f_{\mathrm{lft}}, f_{\mathrm{kin}}) \tag{9.1}$$

式中，S 为起重机位形空间，为 R^n 的子集，不同类型的起重机，其位形空间的维度 n 会不同；Obs 为吊装环境中的障碍物三维碰撞模型；q_{picking} 和 q_{placing} 分别为起重机的起吊位形、就位位形（即路径的起点、终点）；U 为起重机的动作集，不同

类型的起重机有不同的动作集，比如履带起重机的动作集包括落钩、升钩、回转、向上变幅、向下变幅、向前直行、向后直行、转向及以上动作的复合动作等；f_{col} 为碰撞检测函数，用以判断某个位形是否发生碰撞；f_{lft} 为起重性能约束函数，用以判断某个位形是否超载；f_{kin} 为起重机的运动学约束，可能是完整约束也可能是非完整约束。

9.3.2　吊装运动规划问题设计

设计时需要从以下三个方面考虑：①问题的表示要能很好地描述问题——已知什么、求什么；②便于算法应用，即算法在运动规划过程中要方便地获取问题的相关信息及操作；③易于扩展，起重机的种类繁多，每类起重机均有其特有的运动，该问题的表示应能涵盖这些起重机或能容易地扩充。无论何种起重机，其运动规划问题都可描述为式（9.1），并且可直接用于基于随机采样的规划算法。因此，本节将式（9.1）所描述的规划问题设计成一个类 CPlanProblem，用以代表一类起重机吊装运动规划问题。而我们又知式（9.1）中的 Obs、f_{col} 相对固定不变，而其他参数随着起重机类型的不同而不同，依据设计模型中封装变化的原则，本书将变化的和不变的分离各成一个类，不变的用碰撞模型类 CCollModel 表示，变化的用起重机模型类 CLiftSystem 表示，它们与 CPlanProblem 的关系如图 9.2 所示。从图 9.2 中可以看出，问题类由吊装系统骨架模型类和碰撞模型类组合而成，其大部分的功能由这两个类代理，其主要职责是对外与算法类保持沟通，对内协调起重机模型和碰撞模型的工作。其中 CCollModel 类主要职责是代理问题类的碰撞检测功能，其具体的碰撞模型采用三角网面表示，底层采用 PQP 实现碰撞检测功能。CLiftSystem 类主要职责是代理问题类中与起重机相关的功能，如距离度量、位形积分（新位形的生成）等。

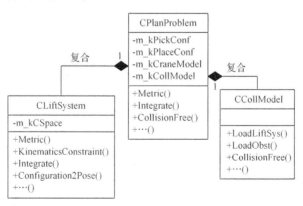

图 9.2　问题类、碰撞模型类、起重机模型类的关系

9.3.3　CLiftSystem 设计

作为运动规划中运动的对象，吊装系统与算法一样极具变化性，也就是吊装系统的运动特性、位形表示等各方面随着起重机类型的不同而有巨大差别，为此，如图 9.3 所示，将吊装系统的骨架模型 CLiftSystem 设计成一个抽象类，负责定义公共的通用接口，与 CPlanProblem 类和 CCollModel 类建立固定的协作关系，而将包含变化的实现推延至具体起重机吊装系统骨架模型类。

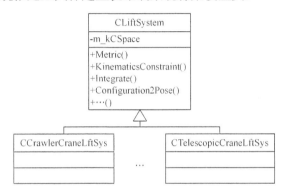

图 9.3　吊装系统骨架模型类设计

下面以履带起重机吊装系统类介绍如何实现位形空间定义、两位形间距离度量、运动学约束表达、新位形生成、位形空间到三维空间映射等。

1. 位形空间的定义

履带起重机根据其臂架组合的不同，又可分为标准主臂工况、固定副臂工况、塔式副臂工况及三者对应的超起工况等，本书中的履带起重机指的是标准主臂工况的履带起重机。它与被吊物构成的吊装系统由履带总成（下车）、转台、臂架、吊钩、被吊物五大部分组成，其构型如图 6.8 中所示。各部分可看作由各类运动副（移动副、转动副等）连接，实现其行走、转弯、回转等动作。从图 6.8 中可以看出，起重机任意静止平衡的工作状态均可以用一个七维向量$[x\ \ z\ \ \alpha\ \ \beta\ \ \gamma\ \ h\ \ \omega]$描述，其中 (x, z) 为起重机下车的位置，其取值范围由吊装场地决定；α 为下车的方向，取值范围通常为$[-\pi, \pi)$；β 为转台的回转角，取值范围通常为$[-\pi, \pi)$；γ 为臂架仰角，取值范围通常为$[0, \pi/2]$，具体由吊装重量及起重性能表决定；h 为起升绳长度，取值范围由臂长和臂架仰角决定；ω 为吊钩旋转角，取值范围通常为$[-\pi, \pi)$。为此，本书将由该向量所描述的七维空间定义为履带起重机的位形空间。

2. 两位形间的距离度量

在基于随机采样的规划算法中，位形空间中两位形间的距离度量是一个重要的评判工具。在履带起重机位形空间中，将两位形间的距离定义为两位形变迁引起被吊物运动的轨迹长度，具体见式（9.2）。其中，q_i 和 q_{i+1} 分别为位形空间中两个位形，r 为作业半径，l_z 为臂长，l_S 为被吊物长。

$$d(q_i, q_{i+1}) = |x_{i+1} - x_i| + |z_{i+1} - z_i| + |r(\alpha_{i+1} - \alpha_i)| + |r(\beta_{i+1} - \beta_i)| \\ + |l_z(\gamma_{i+1} - \gamma_i)| + |h_{i+1} - h_i| + |l_S(\omega_{i+1} - \omega_i)| \tag{9.2}$$

3. 运动学约束的表达

履带起重机的运动学可分为下车和上车两部分，下车的运动（行走、转弯）为非完整运动学（用不可积分的微分方程表达），而上车为完整运动学，具体的运动学可描述为式（9.3），式中，q 为吊装系统某位形，$\dot{q}$ 为其对应的广义速度，R 为转弯半径，$u = (v_L, v_R, \Delta\beta, \Delta\gamma, \Delta h, \Delta\omega)$ 为起重机的动作（输入），各变量含义为左履带线速度、右履带线速度、回转角变化量、臂架仰角变化量、起升绳长度变化量、吊钩旋转角变化量，在某特定的动作某些变量可能为零。

$$\dot{q} = f(q, u) = \begin{bmatrix} 0.5(v_R + v_L)\cos\alpha \\ -0.5(v_R + v_L)\sin\alpha \\ 0.5(v_R + v_L)/R \\ \Delta\beta \\ \Delta\gamma \\ \Delta h \\ \Delta\omega \end{bmatrix} \tag{9.3}$$

4. 新位形生成

在以上起重机运动学的基础上，可根据当前的位形及某动作生成一个新的位形，具体可表达为

$$q_{\text{new}} = g(q, u) = q + \dot{q}\Delta t \tag{9.4}$$

5. 位形空间到三维空间的映射

碰撞检测和可视化显示都需要将吊装系统位形转换成三维空间中各部件的位姿。为此，在建立吊装系统骨架时便给每个部件设置一个局部直角坐标系（图6.8），每个直角坐标系对应的变化矩阵可用位形的参数和各部件相对位置参数表达。这样，通过给定的位形便可通过坐标变换得到每个部件的位姿。

9.4　吊装运动规划与优化模块设计

　　由于起重机吊装运动规划是一类高自由度的规划问题，一般采用基于随机采样规划算法进行求解。因此本书在设计规划算法库时，假定所有的算法都是基于随机采样规划算法。我们把基于随机采样规划算法共同的属性和方法抽象成一个规划器类 CPlanner，它是所有算法的基类，负责定义统一接口，该算法库通过该统一接口与其他模块进行协作。具体的算法需从该抽象类派生，并实现相关的接口。规划算法库相关类的设计如图 9.4 所示。用户只需从图 9.4 中某个类派生一个类并重写相应的方法便可容易地将新算法添加到算法库中而不影响已有的算法。目前该算法库中已内置了 RRT 及其各种变种、PRM。

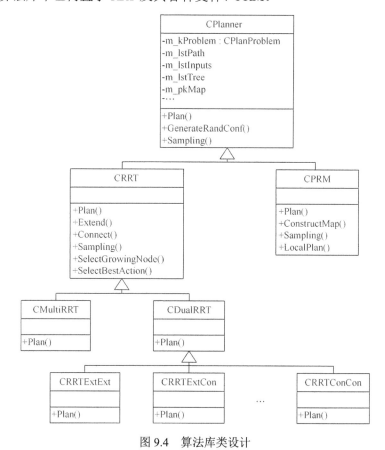

图 9.4　算法库类设计

9.5 可视化模块设计

可视化模块是整个仿真平台不可或缺的部分。该模块设计的总体思路是先将核心的可重用的底层功能进行封装形成一个简单的可视化引擎，然后在此基础上根据引擎的场景组织方法建立场景模型并适时进行更新，最后通过渲染器将对应的场景渲染到屏幕上。下面首先介绍可视化引擎的设计。

9.5.1 可视化引擎

可视化引擎是可视化模块的核心，旨在为可视化应用提供简单易用的编程接口。其主要负责定义场景物体的组织方法并封装基本图元的绘制、光照处理等常用的底层渲染指令，位于图形应用程序接口（application programming interface，API）之上。可视化引擎由场景管理器和渲染器两大部分组成，其中场景管理器负责存储并管理整个场景的数据（顶点坐标、顶点法向量、物体材质、光照信息等），而渲染器则负责接收场景管理器送来的数据并执行相应的渲染指令，最终实现三维图形的绘制。当场景树改变时渲染指令并不需跟着变化，从而实现了数据和显示的分离，使得场景管理器和渲染器具有相对的独立性，从而实现引擎的通用性。

1. 场景管理器

场景管理主要负责存储和管理场景中各个物体的数据及物体之间的位置和逻辑关系，实现对现实生活中事物及事物之间关系的一种抽象表示。鉴于场景树的通用性和高效性，本书采用其对三维场景进行组织。树节点是场景树的基本单元，使用它可构建一棵场景树表示三维场景。

图 9.5 为场景树的三个核心类，这三个类旨在抽象现实中的对象及其相互关系，组织和管理场景事物，存储场景的相关数据，在适当时候以一种有效的方式把数据传给渲染器。其中 CSpatial 类代表三维场景中具有位姿属性的一切事物，是一个抽象类，为了方便进行模型的坐标变换，该类定义了该事物在父节点坐标系下的位置姿态即本地坐标变换 m_kLocalTrans 和该事物在全局世界坐标系下的位置姿态即世界坐标变换 m_kWorldTrans（可从根节点沿树枝的路径逐级进行坐标变换计算得到）。CEntity 类继承自 CSpatial 类，表示三维空间中有具体几何形状的物体（如长方体、起重机的一个部件、被吊物等），存储了物体在其本地坐标系下的顶点坐标、法向量和顶点之间的连接关系，即基本图元的索引。CNode 类也继承自 CSpatial 类，表示三维空间中的物体集合或子场景，在场景树中表现为非叶子节点，其主要作用是管理其子节点，比如进行子节点的添加、删除和设置等。

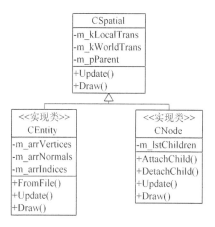

图 9.5 场景树核心类

2. 渲染器

渲染器是可视化引擎的另一个重要组成部分,其渲染的质量直接决定了图形显示的效果。渲染器通常使用具体的图形 API 如 OpenGL 或 Direct3D 来实现,为了可视化应用程序无须关心具体使用何种 API,本书采用一个抽象类 CRenderer 来隐藏具体的实现,定义与场景管理器和可视化应用的接口,如图 9.6 所示。而 COpenGLRenderer 类和 CD3DRenderer 类为具体的实现类,负责采用对应的 API 实现接口定义的绘制功能。

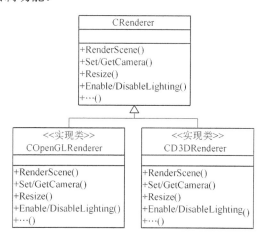

图 9.6 渲染器类设计

9.5.2 场景树设计

有了场景树这个数据结构后，三维场景的一切物体便可用其进行组织，而对物体的三维建模也就成了构建一棵场景子树的过程。下面就场景中吊装系统、吊装环境、路径轨迹的建模进行介绍。

1. 吊装系统建模

吊装过程中由起重机（履带起重机标准主臂工况）和被吊物组成的系统称为吊装系统，其构型如图 9.7 所示。各部分可看作由各类运动副（移动副、转动副等）连接，实现其行走、转弯、回转等动作。

吊装系统是场景中活动的角色，各部件及其之间的连接关系是固定的，为此，起重机吊装运动规划仿真平台根据其结构和运动特点在程序中构建吊装系统的场景子树如图 9.7 所示。图中矩形代表非叶子节点（为 CNode 类对象），圆形代表叶子节点（为 CEntity 类对象），通常从.obj 渲染模型文件获取顶点坐标、法向量等数据。起升绳是一个在运动过程中会发生变化的物体，则采用程序参数化生成的圆柱体表示。

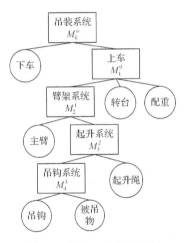

图 9.7 吊装系统场景子树

2. 吊装环境建模

对于不同的吊装任务，其吊装环境各不相同，可以说是千变万化。但对于某具体的吊装运动规划问题，其环境则是确定、静止不动的，并且在仿真过程中无须进行碰撞检测（所得到路径为无碰撞的路径），因此，对于吊装环境的场景子树无特别的要求，由研究者使用 xml 文件指定，具体的实体模型数据从.obj 渲染模型文件获取。

3. 路径轨迹建模

起重机吊装运动规划仿真平台采用下车和吊钩的轨迹曲线描述吊装路径，因而路径轨迹的场景子树只有两个节点，分别为下车轨迹曲线和吊钩轨迹曲线。而其中的曲线为程序参数化生成的曲线几何体对象，由轨迹顶点链表控制其形状。

以上子树构建完成后，可组成一棵大的场景树代表整个场景。为了便于场景物体的管理，本平台将各子树直接挂接到树根，如图 9.8 所示。

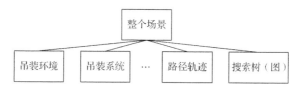

图 9.8　整个场景的场景树

9.5.3　可视化流程

可视化模块是本平台的一个子系统，它的运行由一个独立的线程负责，与运动规划模块并发协同工作。可视化子系统的工作流程如图 9.9 所示，在可视化子系统起吊的时候便立即加载吊装系统和吊装环境渲染模型，并按 9.5.2 小节介绍的建模方式构建场景树，然后进入场景树更新、渲染循环。

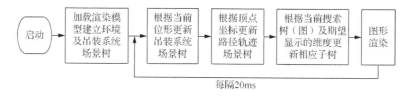

图 9.9　可视化子系统的工作流程

其中吊装系统场景树更新涉及位形到吊装系统各部件位姿的映射。我们采用七维向量 $[x\ \ z\ \ \alpha\ \ \beta\ \ \gamma\ \ h\ \ \omega]$ 表示吊装系统位形，其中 (x,z) 为起重机下车的位置；α 为下车的方向；β 为转台的回转角；γ 为臂架仰角，h 为起升绳长度，ω 为吊钩旋转角。而吊装系统各部件的位姿在场景树中采用变化矩阵表示，因此位形到各部件位姿的映射体现在树节点变换矩阵的表达，各变换矩阵的表达具体见式（9.5）～式（9.9）。在更新、渲染循环中，只需将当前位形的值设置给变换矩阵相应的变量，并更新场景树，便可在场景中显示位形对应的图形。若按顺序显示根据路径得到的帧序列便可实现动画。

$$M_0^w = \begin{bmatrix} \cos\alpha & 0 & \sin\alpha & x \\ 0 & 1 & 0 & y \\ -\sin\alpha & 0 & \cos\alpha & z \\ 0 & 0 & 0 & 1 \end{bmatrix} \tag{9.5}$$

$$M_1^0 = \begin{bmatrix} \cos\beta & 0 & \sin\beta & 0 \\ 0 & 1 & 0 & h_b \\ -\sin\beta & 0 & \cos\beta & 0 \\ 0 & 0 & 0 & 1 \end{bmatrix} \tag{9.6}$$

$$M_2^1 = \begin{bmatrix} \cos\gamma & -\sin\gamma & 0 & x_b \\ \sin\gamma & \cos\gamma & 0 & y_b \\ 0 & 0 & 1 & 0 \\ 0 & 0 & 0 & 1 \end{bmatrix} \tag{9.7}$$

$$M_3^2 = \begin{bmatrix} \cos\gamma & \sin\gamma & 0 & L \\ -\sin\gamma & \cos\gamma & 0 & -d \\ 0 & 0 & 1 & 0 \\ 0 & 0 & 0 & 1 \end{bmatrix} \tag{9.8}$$

$$M_4^3 = \begin{bmatrix} \cos\omega & 0 & \sin\omega & 0 \\ 0 & 1 & 0 & -h \\ -\sin\omega & 0 & \cos\omega & 0 \\ 0 & 0 & 0 & 1 \end{bmatrix} \tag{9.9}$$

9.6 算法性能评估模块

该模块的主要功能是对算法性能的测试,需要记录算法每次运行的各项参数。为确保运动规划模块的规划器职责单一及代码的简洁,在该模块设计一个簿记员 BookKeeper 类来专门负责协助规划器做簿记工作,记录算法每次的规划时间、路径长度、碰撞检测调用次数、碰撞检测时间等算法关键参数并生成相关结果表。对于每个规划器,在其内部均设置有这样一个 BookKeeper 对象。有了算法关键参数记录的基础,测试工作便有了保障。本平台的算法主要是基于随机采样规划算法,其结果具有概率性(随机性),某次的结果并不能非常客观地反映算法的性能,为此通常需要独立地多次运行算法得到其各参数的平均值,这样才能较为客观地反映算法的性能。并且,有时经常需要观察某一算法在不同问题上其解决问题的能力,需要在不同问题上多次运行该算法。为方便做此类测试工作,我们专门设计一个测试员 Tester 类负责此项工作以实现自动化测试,在 Tester 类内部设置了两个向量容器,分别用于待测试的存储规划问题对象和规划器,在测试运行时,

Tester 为问题与规划器进行配对，然后直接调用规划器的规划函数即可，最后以
xsl 格式输出测试结果。Tester 测试的伪代码如函数 9.1 所示。

函数 9.1：

```
void CTester::Test(){
   for( i = 0; i < ProbSize; ++i ) {
      for( j = 0; j < PlannerSize; ++j ) {
         Planners[j]->P = Probs[i];
         // 独立运行算法 TestNum 次
         for( k = 0; k < TestNum; ++k ) {
            // 算法重置
            Planners[j]->Reset();
            // 规划
            Planners[j]->Plan();
            // 输出算法性能结果
            Planners[j]->BkKeeper->WritePfm ();
            // 输出路径
            Planners[j]->BkKeeper->WritePath();
            // 输出吊装过程动画帧序列
            Planners[j]->BkKeeper->WriteAniFrm ();
            // 输出搜索树(图)
            Planners[j]->BookKeeper->WriteGraphs();
         }
      }
   }
}
```

9.7 案 例 演 示

基于上述的系统框架及关键模块的设计，我们在 Windows XP 操作系统上使
用 Visual C++ 2005 实现了这一规划系统。该系统可评测某特定算法的性能参数并
直观地显示其规划效果，还可选择多个算法对同一规划问题进行路径寻找，以同
等条件下比较算法的性能。下面将通过两个实验展示系统的主要功能，以验证其
可用性和有效性。

9.7.1 吊装运动规划与路径优化功能有效性验证

实验 1 是验证 RRT-Connect++算法在不同吊装任务上的规划效果。第一步，

确保该算法已添加到该系统的算法库中，我们事先已通过从 CDualRRT 类继承方式实现了 RRT-Connect++，并已添加到算法库中。第二步，我们需要构造吊装运动规划问题。构造问题的一般步骤是：首先建立吊装环境及被吊物，然后选用合适的起重机并将相关参数填到配置文件中，最后设置起吊/就位位形。在本例中，我们构建了两个吊装案例，如图 9.10 所示，图中的 A 为被吊物起吊时放置的位置，B 为被吊物就位位置，需要选用一台起重机并规划一条能安全地将被吊物从 A 搬运到 B 的吊装路径。这两个案例均以利勃海尔的 LR1400-2 履带起重机作为吊装机器，其工况为标准型，臂长为 49m。第三步，选择算法并进行规划。RRT-Connect++算法在这两个规划问题上某次的规划结果如图 9.11 所示，图上显示了算法的关键性能参数，并形象地绘制出吊装路径，其中虚线表示的曲线为下车行走的轨迹，实线表示的曲线为吊点的轨迹，轨迹两端显示的是吊装系统的起吊状态和就位状态。其实该系统还可以进行动画演示，模拟起重机沿吊装路径的吊装过程。第四步，路径优化。从图 9.11 中可以看出，RRT-Connect++规划得到的原始路径并不是很优化。为此，可采用该系统的路径优化功能对其进行优化，由于履带起重机的行走需满足非完整运动学约束，在此我们选择 Connect-Like 优化策略，优化后的结果如图 9.12 所示。从图 9.12 中可以看出，吊装路径虽非最优，但得到了一定改善。

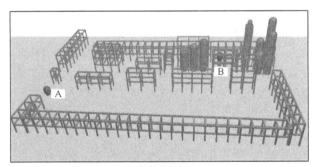

（a）吊装任务1

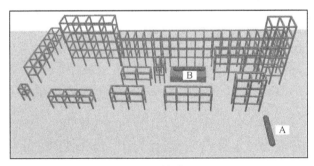

（b）吊装任务2

图 9.10　实验 1 吊装路径问题描述

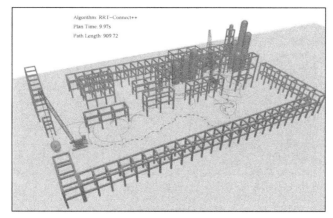

（a）吊装任务1

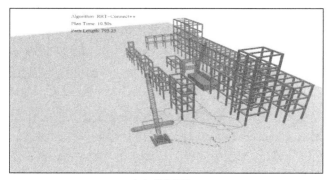

（b）吊装任务2

图 9.11 RRT-Connect++算法的规划结果

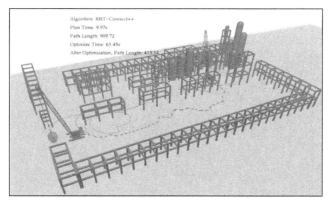

（a）吊装任务1

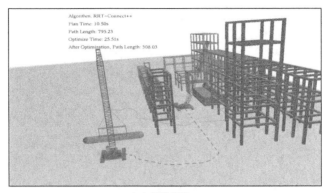

（b）吊装任务 2

图 9.12　优化后的结果

实验 2 是展示不同运动规划算法在同一吊装运动规划问题上的性能表现。该规划问题是关于一个加氢反应器的吊装，其吊装环境如图 9.13 所示，包含三大部分：第一部分是一个 184m×14m×18m 的长钢架结构，第二部分是一组高低不等的钢架，第三部分也是一个长钢架（160m×8.8m×20m）。起吊前反应器被放置在图 9.13 中 A 处，需要一台起重机将其搬运至图中 B 处，从钢架结构顶部放入，为安全完成此吊装任务需规划一条无超载、无碰撞的吊装路径。下面我们选择 RRTExtExt、RRTConCon、RRT-Connect++对该规划任务进行求解，并比较它们的关键性能参数，图 9.14 为这三个算法规划的结果。可以看出 RRT-Connect++不管是规划时间还是路径质量，均比另外两个算法优化。

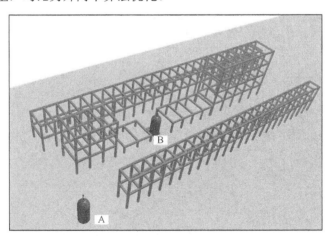

图 9.13　实验 2 吊装运动规划问题

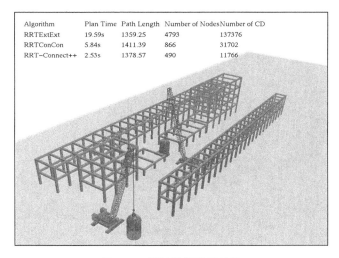

Algorithm	Plan Time	Path Length	Number of Nodes	Number of CD
RRTExtExt	19.59s	1359.25	4793	137376
RRTConCon	5.84s	1411.39	866	31702
RRT-Connect++	2.53s	1378.57	490	11766

图 9.14　算法性能比较结果

9.7.2　规划结果可视化与算法性能评估可用性验证

首先，设置规划问题的配置文件并建立对应的碰撞模型和渲染模型，启动仿真平台。平台的运行效果如图 9.15 所示，可以看到平台的界面包括交互控制界面和三维图形界面两部分。本例的规划问题是关于一个重 47.0t 的沉降器的安装，规划一条从起吊状态到就位状态的无碰撞路径，其起吊/就位状态见图 9.15（b）。

（a）交互控制界面

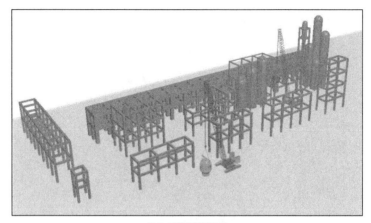

（b）三维图形界面

图 9.15　运行界面

接着，我们从算法菜单选择 RRTConCon 算法对该问题进行求解，在求解过程中可点击显示搜索树（图）观察算法的运行过程，图 9.16 为 5.6s 时算法搜索树生长情况。

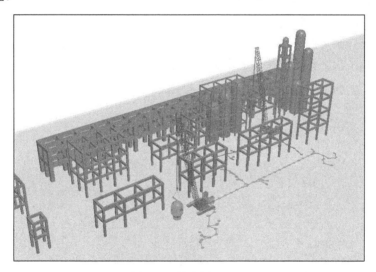

图 9.16　搜索树（图）

经过 19.3s 后规划得到一条路径，通过点击"路径轨迹显示"和"播放"按钮可显示规划所得的路径轨迹（虚线表示的曲线为下车行走的轨迹，实线表示的曲线为吊点的轨迹，轨迹两端显示的是吊装系统的起吊状态和就位状态）及吊装过程动画，如图 9.17 所示。此外，该平台可测试算法的性能，在此我们选择 RRTExtExt、RRTConCon 进行测试，测试后输出的文件如图 9.18 所示。

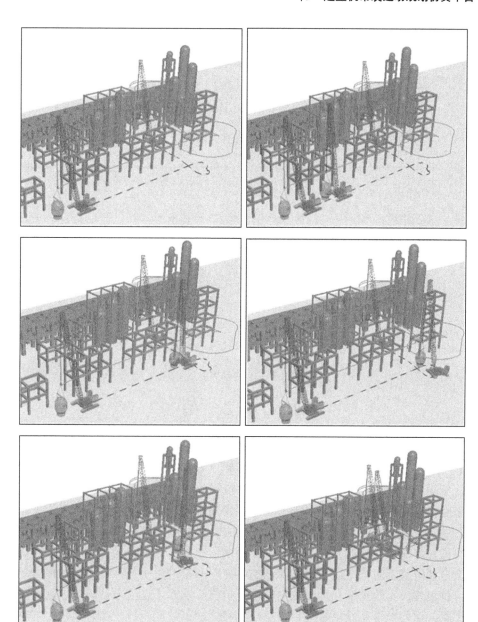

图 9.17 运动规划轨迹及吊装过程模拟

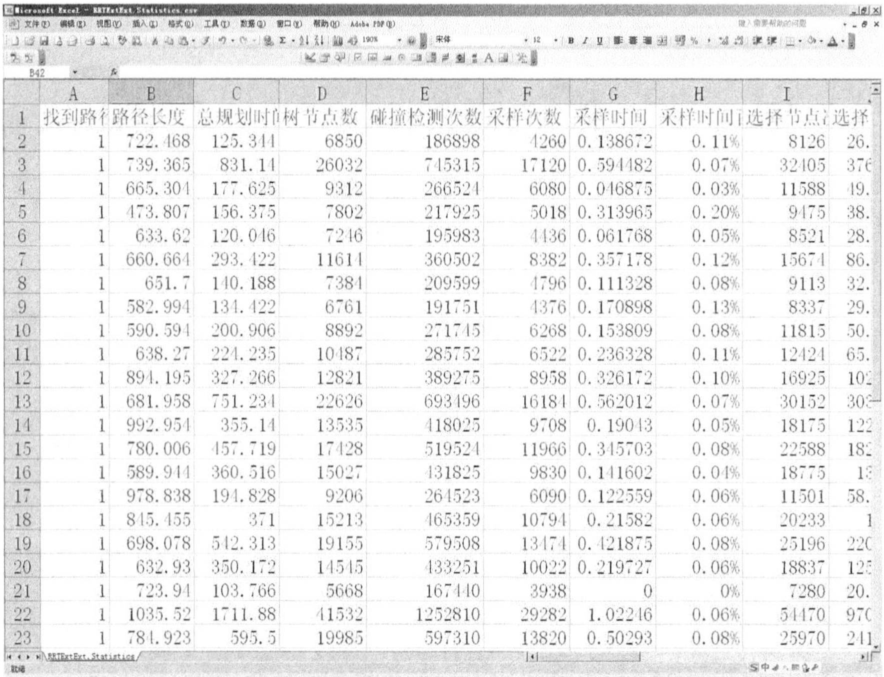

	A	B	C	D	E	F	G	H	I	J
1	找到路	路径长度	总规划时	树节点数	碰撞检测次数	采样次数	采样时间	采样时间	选择节点	选择
2	1	722.468	125.344	6850	186898	4260	0.138672	0.11%	8126	26.
3	1	739.365	831.14	26032	745315	17120	0.594482	0.07%	32405	376
4	1	665.304	177.625	9312	266524	6080	0.046875	0.03%	11588	49.
5	1	473.807	156.375	7802	217925	5018	0.313965	0.20%	9475	38.
6	1	633.62	120.046	7246	195983	4436	0.061768	0.05%	8521	28.
7	1	660.664	293.422	11614	360502	8382	0.357178	0.12%	15674	86.
8	1	651.7	140.188	7384	209599	4796	0.111328	0.08%	9113	32.
9	1	582.994	134.422	6761	191751	4376	0.170898	0.13%	8337	29.
10	1	590.594	200.906	8892	271745	6268	0.153809	0.08%	11815	50.
11	1	638.27	224.235	10487	285752	6522	0.236328	0.11%	12424	65.
12	1	894.195	327.266	12821	389275	8958	0.326172	0.10%	16925	102
13	1	681.958	751.234	22626	693496	16184	0.562012	0.07%	30152	30
14	1	992.954	355.14	13535	418025	9708	0.19043	0.05%	18175	122
15	1	780.006	457.719	17428	519524	11966	0.345703	0.08%	22588	182
16	1	589.944	360.516	15027	431825	9830	0.141602	0.04%	18775	13
17	1	978.838	194.828	9206	264523	6090	0.122559	0.06%	11501	58.
18	1	845.455	371	15213	465359	10794	0.21582	0.06%	20233	1
19	1	698.078	542.313	19155	579508	13474	0.421875	0.08%	25196	220
20	1	632.93	350.172	14545	433251	10022	0.219727	0.06%	18837	125
21	1	723.94	103.766	5668	167440	3938	0	0%	7280	20.
22	1	1035.52	1711.88	41532	1252810	29282	1.02246	0.06%	54470	970
23	1	784.923	595.5	19985	597310	13820	0.50293	0.08%	25970	241

图 9.18　测试结果文件

9.8 小　　结

本书设计并实现了一个面向起重机吊装的路径规划系统。该系统不仅可以直观地展示某一规划算法的规划结果，还能够让多个算法在同等条件下进行性能比较，帮助用户分析各算法优劣。同时，系统提供了强大的交互功能，可随时修改吊装路径规划问题，也可随时更改算法的参数，可直观、实时地显示算法搜索树（图）的生长过程，可显示规划所得路径的轨迹，可进行沿路径的吊装过程模拟，还可进行算法性能测试及结果输出。案例演示表明，该系统是可用而有效的，能大大方便研究者对吊装路径规划算法的研究。此外，由于在系统设计时便考虑了其可扩展性，不仅可容易地添加新算法以扩充算法库，还能方便地增加规划问题的类型。然而，该系统还不完善，下一步将增加算法运行过程实时显示、增加算法批量评测等功能。

参 考 文 献

[1] Wang X, Lin Y S, Wu D, et al. Path planning for crane lifting based on bi-directional RRT[J]. Advanced Materials Research, 2012, 446: 3820-3823.

[2] Chang Y C, Hung W H, Kang S C. A fast path planning method for single and dual crane erections[J]. Automation in

Construction, 2012, 22: 468-480.

[3] Wang X, Zhang Y Y, Wu D, et al. Collision-free path planning for mobile cranes based on ant colony algorithm[J]. Key Engineering Materials, 2011, 467: 1108-1115.

[4] Zhang C, Albahnassi H, Hammad A. Improving construction safety through real-time motion planning of cranes[C]. The International Conference on Computing in Civil and Building Engineering, 2010.

[5] 张玉院. 移动式起重机无碰撞路径规划的设计与实现[D]. 大连: 大连理工大学, 2010.

[6] Zhang C, Hammad A, Albahnassi H. Path re-planning of cranes using real-time location system[C]. 26th International Symposium on Automation and Robotics in Construction(ISARC 2009), 2009.

[7] Deen Ali M S A, Babu N R, Varghese K. Collision free path planning of cooperative crane manipulators using genetic algorithm[J]. Journal of Computing in Civil Engineering, 2005, 19(2): 182-193.

[8] Sivakumar P L, Varghese K, Babu N R. Automated path planning of cooperative crane lifts using heuristic search[J]. Journal of Computing in Civil Engineering, 2003, 17(3): 197-207.

[9] Reddy H R, Varghese K. Automated path planning for mobile crane lifts[J]. Computer-Aided Civil and Infrastructure Engineering, 2002, 17(6): 439-448.

[10] 孙章军, 田海晏, 邓双成, 等. 移动机器人路径规划仿真平台设计[J]. 北京石油化工学院学报, 2006(3): 16-19.

[11] 曹亮, 崔平远, 居鹤华. 月球车路径规划三维仿真平台设计与实现[J]. 计算机工程, 2007(20): 236-238.

[12] 武彬, 吴耿锋, 马飞, 等. 基于免疫算法的移动机器人路径规划系统[J]. 计算机工程, 2004(12): 122-123.

[13] 李新春, 赵冬斌, 易建强, 等. 全方位移动机械手路径规划仿真平台的设计[J]. 计算机工程与应用, 2005(31): 90-93.

[14] 熊举峰, 谭冠政, 皮剑. 群机器人仿真系统设计与实现[J]. 计算机工程与应用, 2007(30): 104-107.

[15] 赵春霞, 唐振民, 陆建峰, 等. 面向自主车辆的局部路径规划仿真系统[J]. 南京理工大学学报(自然科学版), 2002(6): 570-574.

[16] 胡世亮, 席裕庚. 一种通用的移动机器人路径规划仿真系统[J]. 系统仿真学报, 2004(8): 1714-1716.